ZEITSCHRIFT FÜR ANGEWANDTE GEOLOGIE

HERAUSGEGEBEN VON
DER STAATLICHEN GEOLOGISCHEN KOMMISSION
UND DER ZENTRALEN VORRATSKOMMISSION
DER DEUTSCHEN DEMOKRATISCHEN REPUBLIK

AUS DEM INHALT

AKADEMIE-VERLAG · BERLIN

BAND 5 / HEFT 7
JULI 1959
SEITE 277—324

INHALT

Die ZEITSCHRIFT FÜR ANGEWANDTE GEOLOGIE berichtet ständig ausführlich über folgende Arbeitsgebiete: Geologische Grundlagenforschung und Lagerstättenforschung / Methodik der geologischen Erkundung / Ökonomie und Planung der geologischen Erkundung / Technik der geologischen Erkundung / Geologie und Lagerstättenkunde im Ausland / Bibliographie, Verordnungen, Richtlinien, Konferenzen, Personalnachrichten

Die ZEITSCHRIFT FÜR ANGEWANDTE GEOLOGIE ist kein Organ einer engen Fachgruppe. Auf ihren Seiten können alle strittigen Fragen der praktischen Geologie behandelt werden. Die Autoren übernehmen für ihre Aufsätze die übliche Verantwortung

Herausgeber: Staatliche Geologische Kommission und Zentrale Vorratskommission für mineralische Rohstoffe der Deutschen Demokratischen Republik. Chefredakteur: Prof. Dr. Erich Lange, Berlin. Redaktion: Berlin N 4, Invalidenstraße 44. Verlag: Akademie-Verlag GmbH, Berlin W 1, Leipziger Straße 3—4 (Fernsprecher 220441, Postscheckkonto: Berlin 35021). Bestellnummer des Heftes: 1047/5/7. Die „Zeitschrift für angewandte Geologie" erscheint monatlich. Bezugspreis 2,— DM je Heft. — Satz und Druck: Druckhaus „Maxim Gorki", Altenburg. Veröffentlicht unter der Lizenznummer ZLN 5008 des Ministeriums für Kultur, Hauptverwaltung Verlagswesen. Karten: MdI der DDR Nr. 4872/K 11. Printed in Germany

ZEITSCHRIFT FÜR ANGEWANDTE GEOLOGIE

CHEFREDAKTEUR: PROF. DR. E. LANGE

BAND 5 · JULI 1959 · HEFT 7

Zum Tag des deutschen Bergmanns 1959

Am 5. Juli, dem Tag des deutschen Bergmanns, würdigen alle Werktätigen der Deutschen Demokratischen Republik wie in jedem Jahr die beispielhaften Erfolge unserer Bergarbeiter für den Aufbau unserer friedlichen sozialistischen Wirtschaft.

Die anstrengende Tätigkeit des Bergmanns besitzt für die Volkswirtschaft eine überragende Bedeutung. Die Erzeugnisse unseres Bergbaues sind die unentbehrliche Grundlage unserer Industriezweige, ohne die Arbeit unserer Kumpel in den Bergbaurevieren wäre die Erfüllung unserer Planaufgaben undenkbar.

So hat nicht zuletzt die Arbeit unserer Bergleute dazu beigetragen, die Deutsche Demokratische Republik zu einer Kraft werden zu lassen, die man bei der Regelung der deutschen Frage nicht mehr übergehen kann. Das zeigt die offizielle Teilnahme der Delegation unserer Republik an der Genfer Außenministerkonferenz. Diese Erfolge werden für unsere Bergarbeiter Anlaß sein, neue hervorragende Leistungen zur Festigung und Stärkung des Staates aller deutschen Werktätigen, der Deutschen Demokratischen Republik, zu vollbringen. Der kraftvolle Aufstieg unseres Arbeiter- und Bauern-Staates wird auch die revolutionären Traditionen neu beleben und unserem gemeinsamen Kampf zur friedlichen Wiedervereinigung unseres deutschen Vaterlandes zum Siege verhelfen.

Zu den Bergleuten, die unser Volk am 5. Juli ehrt, gehören auch die Arbeiter, Meister, Ingenieure und Wissenschaftler der Staatlichen Geologischen Kommission. Die wissenschaftliche Geologie, die jüngere Schwester des Bergbaus, schafft die Voraussetzungen für die Errichtung neuer Bergwerke, die Erweiterung der Rohstoffbasis bestehender Bergbauanlagen und die Sicherheit für den Abbau vor Ort. Die Bergleute fahren heute nur noch eine Lagerstätte auf, wenn die geologischen Verhältnisse des mineralischen Vorkommens gründlich erkundet sind, wenn sie sich mit ihnen vertraut gemacht haben.

Die Geologie entwickelt sich in der Deutschen Demokratischen Republik, frei von mystischen und idealistischen Einflüssen, zu einer modernen Wissenschaft. Noch ist der Hoch- und Fachschulkader der Staatlichen Geologischen Kommission verhältnismäßig jung, aber bereits heute werden beachtliche Erfolge auf lagerstättenkundlichem, petrographischem, geochemischem und paläontologischem Gebiet sichtbar. Dieser Fortschritt in der geologischen Wissenschaft unserer jungen Republik konnte nicht durch westdeutsche Störmanöver aufgehalten werden, er war nur möglich und wird auch künftig durch die selbstlose Unterstützung und Hilfe sowjetischer Geologen gefördert.

Der Ehrentag des Bergmanns 1959 ist für die Betriebe und geologischen Dienste der Staatlichen Geologischen Kommission ein neuer Auftakt, um ihre unserem Arbeiter- und Bauernstaat gegebenen Verpflichtungen zu erfüllen. Ihre erfolgreiche Tätigkeit hängt dabei weitgehend von der sozialistischen Arbeitsweise aller ihrer Mitarbeiter ab. Auf sozialistische Weise arbeiten, heißt nach den Ausführungen W. Ulbrichts auf dem V. Parteitag der SED, die Arbeitsproduktivität ständig steigern und die Neuererbewegung fördern, die moderne Technik meistern, indem alle Reserven ausgenutzt werden, mit jeder Minute, mit jedem Pfennig und mit jedem Gramm gerechnet wird, echte sozialistische Beziehungen der kameradschaftlichen Hilfe und der Zusammenarbeit zwischen den Werktätigen hergestellt werden. Diese Forderung hat besondere Bedeutung für die Aufgabe, aus eigenen Feldern in den nächsten Jahren wirtschaftlich bedeutende Mengen Erdöl und Erdgas zu fördern. Die Erfüllung dieser Zielsetzung dient nicht nur der Realisierung unseres Chemieprogrammes, sondern wird auch unseren Braunkohlenbergbau entlasten.

Der 5. Juli 1959 gibt uns die Gewißheit, daß die Mitarbeiter der Staatlichen Geologischen Kommission Hand in Hand mit den Bergarbeitern unserer Republik maßgeblich dazu beitragen werden, die kühnen Pläne der Sozialistischen Einheitspartei Deutschlands und der Regierung der Deutschen Demokratischen Republik für eine neue wirtschaftliche Blüte Gesamtdeutschlands zu erfüllen. Die Bergleute werden diese Ziele erreichen, weil sie für sich selbst, für ihren Staat schaffen, der sie an die erste Stelle seiner Arbeiter gesetzt hat.

Wissenschaftler und Werktätige arbeiten Hand in Hand

Auszüge aus einer Rede von Prof. Dr. PETER-ADOLF THIESSEN, Vorsitzender des Forschungsrates bei der Regierung der Deutschen Demokratischen Republik[1])

Das Wort die fortschrittliche technische Produktion in der sozialistischen Volkswirtschaft beruht auf der folgerichtigen Anwendung der Naturforschung. Der höchstmögliche Stand der Technik verlangt eine fortlaufende, möglichst enge Annäherung an den jeweils erreichten Stand der Naturerkenntnis. Der Höchststand der sozialistischen technischen Produktion ist deshalb nicht statisch, sondern dynamisch bestimmt. Der Grad der Annäherung läßt sich jederzeit objektiv angeben.

*

Es hat sich gezeigt, daß eine erfolgreiche Gemeinschaftsarbeit mit starren Gruppen unvereinbar ist. Sie braucht eine horizontale Gliederung in der Art, daß etwa Mathematiker, Physiker, Chemiker, Elektrotechniker, Maschinenbauer, Berg- und Hüttenleute,. Agronomen, Mediziner sich zu einer horizontalen Gemeinschaft zusammenschließen. Die Gemeinschaftsarbeit braucht auch eine vertikale Gliederung. Sie braucht neben einer Zusammenfassung von Menschen aus gleichartig hochqualifizierten Berufsschichten eine Zusammenarbeit von Menschen aus Berufsschichten verschieden hoher Qualifikation . . .

Es ist eine wesentliche Aufgabe des Wissenschaftlers, sich mit den werktätigen Massen so zu verbinden, damit sie seiner Arbeit aufgeschlossen gegenüberstehen, seinen Rat annehmen und damit sie ihm auf der anderen Seite aus der Summe ihrer eigenen Erfahrungen das übermitteln, was seiner eigenen Arbeit weiterhilft.

*

Wir sind für die nächsten Jahre darauf angewiesen, aus den bestehenden Anlagen das Bestmögliche herauszuholen. Das bedeutet, wir müssen ihre Betriebsweise gründlich ändern. Denn das Geld für die nächste Stufe muß verdient, es kann auf die Dauer nicht irgendwo geliehen werden ...

Es ist heute besser, eine richtig auf die künftige Automatisierung zugeschnittene Technologie mit einfachen Reglern und Rückreglern zu automatisieren, als die äußerst komplizierten Reglereinrichtungen auf dem Weltmarkt zu erwerben und auf einen bestehenden Prozeß aufzupfropfen. Dieses Vorgehen ist nicht nur schädlich und kostet viel Geld, sondern es ist auch unter Umständen sehr gefährlich. Vor der Automatisierung muß erst die Mechanisierung stehen. Das Kennenlernen der Regelvorgänge und die Mechanisierung sind nicht denkbar ohne Berücksichtigung der Betriebskenngrößen. Vor allem und überall und zwischen allem muß immer wieder das Messen stehen!...

Wir müssen bei allen Projektierungen, soweit wir sie auch spannen, immer an die zukünftigen Entwicklungen denken. In der zweiten Hälfte dieses Jahrhunderts werden uns ganz neuartige Energiequellen zur Verfügung stehen. Dafür müssen wir gerüstet sein! In dem Augenblick, wo wir über die Kernverschmelzungsenergie verfügen, gibt es keinen Unterschied mehr in der Zugänglichkeit der Energiequellen. Es wäre vollkommen sinnlos, wenn wir uns bei unseren Planungen, die wir jetzt vornehmen, nicht schon auf die fernere Zukunft einstellen.

*

Unsere Erde wird entweder sozialistisch sein, oder sie wird nicht sein! Entweder Sozialismus und Frieden oder aber Kampf aller gegeneinander. Ich denke, wir wählen den Frieden und bemühen uns, mit der Sowjetunion und den Völkern der sozialistischen Gemeinschaft so eng wie möglich zusammenzuarbeiten. Der Erfolg kann nicht ausbleiben. Auch das ist ein Naturgesetz!

[1]) Das Referat wurde während des Erfahrungsaustausches der Gesellschaft für Deutsch-Sowjetische Freundschaft und des Bundesvorstandes des FDGB über den wissenschaftlich-technischen Fortschritt Mitte Mai im VEB Elektroapparatewerke „J. W. Stalin", Berlin-Treptow, gehalten.

HANS SCHNEIDERHÖHN

Genetische Lagerstättengliederung auf geotektonischer Grundlage[1])

Referiert von HERBERT REH, Jena

Die Arbeit ist in vier Teile aufgegliedert. Im ersten Teil wird der gegenwärtige Stand der genetischen Lagerstättengliederung dargestellt. Danach wird im zweiten Teil eine neue genetische Lagerstättengliederung auf geotektonischer Grundlage entwickelt. In dem umfangreicheren dritten Teil werden die einzelnen geotektonisch-genetischen Lagerstättengruppen herausgearbeitet und charakterisiert. Einen Rückblick auf frühere ähnliche Ansichten bringt ein abschließender vierter Teil.

Nachdem W. LINDGREN schon 1906 ein genetisches System für die Gliederung der magmatischen Lagerstätten aufgestellt und in seinem „Mineral Deposits" bis 1933 konsequent ausgebaut hatte, wurde in Europa von NIGGLI und SCHNEIDERHÖHN seit 1920 eine genetische Lagerstättenklassifikation theoretisch begründet und ausgearbeitet. In seinen „Erzlagerstätten" (1944) gliedert SCHNEIDERHÖHN die magmatische Abfolge entsprechend den pt-Bedingungen:

- I. Erste magmatische Hauptgruppe: Intrusivgesteine und liquidmagmatische Lagerstätten
- I./II. Zwischengruppen: Liquidmagmatisch-pneumatolytische Übergangslagerstätten
- II. Zweite magmatische Hauptgruppe: Pegmatitisch-pneumatolytische Lagerstätten
- II./III. Zwischengruppen: Pneumatolytisch-hydrothermale Übergangslagerstätten
- III. Dritte magmatische Hauptgruppe: Hydrothermale Lagerstätten
- IV. Vierte magmatische Hauptgruppe: Ergußgesteine und Exhalationslagerstätten

[1]) Aus: Neues Jahrbuch f. Min. Mh. Jg. 1952, S. 47–63, 65–89; weitere Referate der neuesten Arbeiten SCHNEIDERHÖHNs s. S. 319 ff.

Als Anhang werden untermeerische gemischt exhalativ-hydrothermal-sedimentäre Eisenerze (Keratophyr-Eisenerze) betrachtet.

SCHNEIDERHÖHN hat nun versucht, seine genetische Lagerstättengliederung in das geotektonische Schema von H. STILLE einzufügen. Dabei zeigte sich in den meisten Fällen eine klare Zugehörigkeit der magmatischen Erz- und Minerallagerstätten zu plutonischen oder subvulkanischen Eruptivgesteinen. Paßte der größte Teil der Lagerstätten einer Metallprovinz im allgemeinen zeitlich zu der zugehörigen Gesteinsprovinz, so gab es aber manchmal auch jüngere Lagerstätten, für die ein entsprechender jüngerer Pluton unbekannt war. SCHNEIDERHÖHN erklärte 1940 diese jüngeren Lagerstätten als sekundär-hydrothermal. Er nahm an, daß beim Wiederaufleben der Tektonik tiefer gelegene Lagerstätten durch jüngere erzleere Thermen aufgelöst und auf durchgepausten Spalten im Deckgebirge selektiv wieder abgesetzt wurden.

Diese Vorstellungen erklärten zwar die Verhältnisse im ungefalteten Deckgebirge, befriedigten aber bei der Deutung der Vererzungen in jüngeren Orogenen nicht. Diskussionen mit Fachgenossen, die vor allem in alpinen Gebirgen gearbeitet haben, rückten die Rolle der Metamorphose in den Vordergrund.

Daraus ergab sich eine neue genetische Lagerstättengliederung auf geotektonischer Grundlage. Für die Gültigkeit des Schemas der magmatischen Abfolge macht SCHNEIDERHÖHN eine bemerkenswerte Einschränkung: Seit dem Kambrium hat es im wesentlichen nur eine Orogenese mit primärer Metallzufuhr gegeben. Beispielsweise soll in Europa nur die variscische Orogenese eine juvenile Vererzung gebracht haben, während alle jüngeren Orogenesen keine neue Metallzufuhr gezeigt haben. Die zum Vollkraton gewordenen Orogene mit primärer Metallzufuhr bezeichnet er als Urorogene, deren Lagerstätten der magmatischen Normalabfolge entsprechen. Im Deckgebirge solcher Gebiete, die durch eine germanotype Tektonik gekennzeichnet sind, treten sekundär-hydrothermale Lagerstätten auf. Wo ältere Orogene von jüngeren Orogenesen überwältigt werden, erfolgt bei der Regeneration auch eine Mobilisierung des Lagerstätteninhalts im alten und ein Wiederabsatz im jungen Orogen.

Das neue Schema lautet demnach:

I. Magmatische Lagerstätten der Normalabfolge im Urorogen
II. Regenerierte Lagerstätten
   1. Epirogenetisch-regenerierte Lagerstätten oder sekundär-hydrothermale Lagerstätten im ungefalteten, epirogenetisch zerbrochenen Deckgebirge
   2. Alpinotyp-regenerierte Lagerstätten in jungen Orogenen. Aus den Lagerstätten aufgearbeiteter Urorogenteile entstanden
      a) rein tektonisch $\pm$ metamorph, in jungen Orogenen ohne wesentlichen Magmatismus
      b) pseudomagmatisch $\pm$ palingen in jungen Orogenen mit viel Magmatismus
III. Lagerstätten der metamorphen Abfolge in den alten präkambrischen Schilden

Nach diesem Schema behandelt nun SCHNEIDERHÖHN im dritten Teil seiner Arbeit die Kennzeichen und typischen Erscheinungsformen der Lagerstätten, wobei er auf ihm besonders bekannte Verhältnisse eingeht. Aus der Beobachtung, daß die variscische Orogenese in Eurasien und die nevadisch-lamarischen Orogenesen in Nord- und Südamerika mit einer reichen Metallisation verknüpft sind, wird geschlossen, daß diese besonders tief eingetaucht sind und ein metallreiches Sial erreicht haben. Sie werden deshalb als Urorogene mit typischer zonaler Abfolge der Lagerstättenbildung bezeichnet. Dabei wurde das sialische Magma völlig verbraucht, so daß für jüngere Orogenesen kein juveniles Magma mehr verfügbar war.

In der Gruppe der regenerierten Lagerstätten werden zunächst die sekundär-hydrothermalen Lagerstätten erwähnt, die auf altangelegten Störungszonen im Deckgebirge sitzen. Als typische Beispiele werden die Lagerstätten der Trias-Juratafel zwischen Schwarzwald-Rheinische Masse im Westen und der Böhmischen Masse im Osten behandelt. Ferner werden noch das Plateau Central, Tunis, Algier und Marokko erwähnt. Ähnliche Lagerstätten werden in Sibirien vermutet. Möglicherweise lassen sich auch die Blei-Zinklagerstätten von Oberschlesien und im Mississippi-Missouri-Gebiet sekundär-hydrothermal erklären.

Alpinotyp regenerierte Lagerstätten werden an den Verhältnissen der Ost- und Westalpen erläutert. Die ursprünglich variscisch gebildeten Lagerstätten wurden alpidisch regeneriert, wobei sie verschiedenartig und verschieden stark umgelagert und ummineralisiert wurden. Zusätzlich entstanden aus der metamorphen Umkristallisation und Diaphthorese vor allem die Magnesite und Eisenspatstöcke.

Die besonderen Verhältnisse in Orogenen mit vorherrschendem synorogenem Magmatismus und starkem subsequentem Vulkanismus zeigen sich typisch an den bolivianischen Lagerstätten und denen der Dinariden und Balkaniden. Vermutlich gehören auch die japanischen Gold-Silberlagerstätten, die Schwarzerzvorkommen und die indonesischen Lagerstätten in diese Gruppe.

Die Lagerstätten der metamorphen Abfolge umfassen die Mineralvorkommen der alten Schilde. Sie zeichnen sich durch ihre hochmetamorphe Natur aus und sind sowohl aus magmatischen als auch aus sedimentären Vorkommen hervorgegangen. Sie sind von den Lagerstätten der beiden ersten Gruppen (Normalabfolge und regenerierte Lagerstätten) durch einen ungeheuren Hiatus getrennt.

Im vierten Teil der Arbeit erwähnt SCHNEIDERHÖHN, daß vor ihm DE LAUNAY, LINDGREN und NIGGLI die Zusammenhänge der Lagerstättengenese mit dem geotektonischen Geschehen untersucht haben. Im Gegensatz zu H. BACKLUND lehnt SCHNEIDERHÖHN den Gedanken an eine sehr frühe Metallisation der Erdkruste ab, wonach alle späteren Orogenesen bei der Palingenese den Metallinhalt immer wieder regeneriert hätten. Er begründet seine Auffassung damit, daß die Metallisation der alten Schilde einen anderen Charakter zeige als die der jungen Orogene, und beruft sich dabei auf eine Zusammenstellung von BLONDEL. Diese hat aber den entscheidenden Nachteil, daß sie von den Fördermengen eines Jahres ausgeht und nicht von den Metallvorräten, wie dies SCHNEIDERHÖHN anzunehmen geneigt ist. Auch das weitere Argument von der zerstreuten, willkürlichen Verteilung der Lagerstätten in den alten Schilden im Gegensatz zu der linearen oder zonalen Anordnung in dem variscischen Orogen erscheint nicht ganz zutreffend. Vermutlich wird der Umstand, daß die alten Schilde ein tiefes Stockwerk darstellen, von entscheidender Bedeutung sein und die beobachteten Unterschiede erklären.

Zusammenfassend ist festzustellen, daß die neue Lagerstättengliederung auf geotektonischer Grundlage den

Versuch unternimmt, die Lagerstättenbildung mit dem geotektonischen Geschehen in Zusammenhang zu bringen. Aufbauend auf den geotektonischen Vorstellungen von H. STILLE werden 3 Gruppen von Lagerstätten unterschieden, die außer der magmatischen Normalabfolge noch zwei verschiedene Arten der Regenerierung und Überprägung enthalten. Da die Ansichten über die geotektonischen Vorgänge noch nicht einwandfrei gesichert sind, ergeben sich für die lagerstättenkundlichen Folgerungen verschiedene Einwendungen. Insbesondere bestehen noch unterschiedliche Auffassungen über die Herkunft und Entstehung der Magmen. Differentiation, Hybridisierung, Granitisation und Palingenese sind nur einige Stichworte, um diesen Fragenkomplex zu umreißen.

Über regenerierte Erzlagerstätten

W. I. SMIRNOW, Moskau

Die sowjetischen Geologen verfolgen aufmerksam die Diskussion, die in Zusammenhang mit den von H. SCHNEIDERHÖHN vertretenen Ansichten über die sekundär-hydrothermalen und regenerierten Erzlagerstätten aufkam. Im Jahre 1957 wurde in Moskau ein Sammelwerk von Übersetzungen veröffentlicht, das außer drei Aufsätzen von SCHNEIDERHÖHN auch Aufsätze anderer deutscher, französischer und polnischer Geologen enthielt, die sich an der Diskussion über die neuen Ansichten hinsichtlich der Genese der endogenen Erzlagerstätten beteiligt hatten (CH. F. HÜTTENLOCHER, P RAMDOHR, W. PETRASCHECK, J. GEFFROY).

Einige Geologen unseres Landes, darunter auch der Verfasser dieses Artikels, unternahmen den Versuch, die Ideen von SCHNEIDERHÖHN auf die Lagerstätten und die Erzprovinzen der Sowjetunion zu übertragen. Bei der Untersuchung der Möglichkeit einer Anwendung der Ansichten SCHNEIDERHÖHNs auf das Problem der endogenen Erzbildung innerhalb des Gebietes der UdSSR kam Verf. zu Auffassungen, die im folgenden dargelegt werden.

Die kategorische Behauptung der Anhänger der neuen Hypothese, daß es auf der Erde nur zwei postjungalgonkische metallogenetische Perioden mit primärjuveniler Magmenförderung gab, die oberpaläozoische für Eurasien (und wahrscheinlich Afrika) und die mesokänozoische für den pazifischen Faltengebirgsgürtel, kann nicht auf das Territorium der UdSSR angewandt werden. SCHNEIDERHÖHN und die seine Ansichten vertretenden Geologen haben in der Hauptsache die Lagerstätten der herzynischen (varistischen) und alpidischen metallogenetischen Perioden untersucht. Studiert man jedoch aufmerksam das Material über die endogenen Lagerstätten der kaledonischen Faltengebirgsketten, so kann man sich mit der Behauptung dieser Geologen schwer einverstanden erklären.

Besonders lehrreich ist in dieser Beziehung die Metallogenese der kaledonischen Faltenumrahmung der Sibirischen Tafel in dem sich weithin erstreckenden Sajan-Baikal-Gebiet. Mit der Salair-Phase hängen hier die überall auftretenden Intrusionen von Hyperbasiten und Basiten zusammen, an die Asbest- und Ilmenit-Magnetit-Lagerstätten geknüpft sind. Die späteren tektonischen Bewegungen der takonischen und der erischen Phase gehören zu den Hauptphasen der kaledonischen Orogenese in diesem Gebiete, bei gleichzeitigem Eindringen großer Intrusivmassen granitischer Zusammensetzung. Mit der komplizierten komplexen takonischen Intrusion hängen die großen, weit verbreiteten und weltbekannten Goldlagerstätten Zentral-Sibiriens zusammen. Die leukokraten, Kalium führenden Zweiglimmer-Granite der Eri-Phase brachten Lagerstätten der Greisenformation mit Wolframit und Beryll sowie Molybdänerzstücke hervor. Schließlich fand während der Telbess-Phase der kaledonischen Strukturen des oben erwähnten Gebietes, die von Intrusionen von Gabbro bis zu Alaskiten (Telbess-Intrusiv-Komplex) begleitet wurde, die Bildung riesiger Skarneisenerz-Lagerstätten statt. Gleichzeitig entstanden die bedeutenden hydrothermalen Lagerstätten von Tuwa und Ost-Sajan mit ihren Kobalt-, Kobalt-Nickel- und Kobalt-Nickel-Silber-Erzen.

Alles dies zeigt die entscheidende Bedeutung der kaledonischen orogenen Prozesse bei der Bildung endogener Erzlagerstätten für die Metallogenese dieses altpaläozoischen Faltungsgebietes. Als Beispiel für eine zweite, genau so klar erkennbare kaledonische metallogenetische Provinz kann sehr wahrscheinlich Südafrika gelten.

Man kann also sagen, daß es in postjungalgonkischer Zeit drei metallogenetische Hauptepochen gab: die kaledonische, die herzynische und die alpidische oder die pazifische und die alpidische, wenn letztere in zwei selbständige Epochen unterteilt wird, die den drei letzten großen Gebirgsbildungszyklen der geologischen Erdgeschichte entsprechen. Bei allen diesen Zyklen kann festgestellt werden, daß dem geosynklinalen Stadium der entsprechenden Periode, in deren Verlauf sich die innere Struktur der Faltengebirge gebildet hat (Tieffaltung), auch die sich während dieser Zeit bildenden primären endogenen Lagerstätten entsprechen.

Die Prozesse und Gesetzmäßigkeiten der Vererzung während aller drei Orogenesen sind in bestimmten Gebieten ihres Auftretens in den Faltengebirgszonen der Erdoberfläche miteinander vergleichbar.

Viel komplizierter ist die Beurteilung der anderen zentralen Frage der neuen Hypothese der Erzbildung, die eine Antwort darauf fordert, ob die Zufuhr erzbildenden Magmas in die Faltenzonen, welche wiederholten tektonischen Deformationen unterworfen waren, durch die Einwirkung des Magmatismus und der primären Erzbildung entstand, oder ob hierbei nur eine Umgruppierung der Substanzen der früher entstandenen Lagerstätten stattfand.

Um diese Frage zu beantworten, ist es zweckmäßig, alle Metallprovinzen in monozyklische und polyzyklische einzuteilen. In monozyklischen Provinzen fand die Bildung der inneren Strukturen, das Eindringen von Intrusionen und die Bildung endogener Lagerstätten im Ablauf eines Zyklus statt, also des kaledonischen, des herzynischen oder des alpidischen. In den polyzyklischen Provinzen fanden orogene Prozesse während zweier oder dreier Zyklen statt. Gerade in letzeren, d. h. in den polyzyklischen Faltengebieten muß stets das Verhältnis der Metallogenese der früheren und späteren Zyklen betrachtet werden.

Eine typische polyzyklische Provinz ist in der Sowjetunion der Große Kaukasus. In seinem Bereich fanden tektonische, magmatische und metallogene Prozesse des kaledonischen, des herzynischen und des mesokänozoischen (alpinen) Zyklus statt. Ohne auf die Einzelheiten der Erscheinungsform eines jeden Zyklus einzugehen, soll erwähnt werden, welche endogenen Erzlagerstätten im Kaukasus zum jeweiligen Zyklus gehören.

Die kaledonische Metallogenese im Großen Kaukasus wird durch kleine Aplit-Pegmatit- und Quarzgänge mit Scheelit, Molybdänglanz, Zinnstein und Arsenkies gekennzeichnet.

Die Erzlagerstätten der herzynischen metallogenetischen Epoche treten viel ausgeprägter hervor. Ihre Bildung erfolgte in drei Stadien (nach G. A. TWALTSCHERIDSE). Im Frühstadium entstanden Ilmenit-Magnetite im Gabbro Transkaukasiens und Kupfer-Zinnkies-Lagerstätten im Effusivkomplex der Vorgebirgskette (Urup, Hudes, Beskes u. a.). Im mittleren Stadium haben sich mit den Intrusionen in die Haupt- und Vorgebirgskette kleine Aplit-Pegmatit- sowie Greisen- und Quarz-Ganglagerstätten mit Scheelit, Molybdänglanz, Zinnstein, Arsenkies und Gold gebildet. In den Spätstadien des herzynischen Zyklus wurden, in Zusammenhang mit kleinen hypoabyssischen Intrusionen verschiedener Zusammensetzung, verhältnismäßig kleine, sog. alte (oberpaläozoische) polymetallische Lagerstätten des Nord-Kaukasus gebildet (Elbrus, Tysyl u. a.).

Mit dem mesokänozoischen (alpidischen) magmatischen und metallogenen Zyklus im Kaukasus hängen bedeutende und verschiedenartige Lagerstätten zusammen. Man kann hiervon die sog. jungen polymetallischen Lagerstätten des Sadon-Gürtels, die Molybdän- und Wolfram-Lagerstätten der mobilen Zonen der Vorgebirgs- und der Hauptkette, die eigenartigen Antimon- und Wolframbildungen des Werchnjaja Ratscha, die Quecksilber- und Arsen-Quecksilber-Lagerstätten (Realgar-Zinnober-Lagerstätten) der Hauptgebirgskette und einige andere erwähnen.

Die Untersuchung der endogenen Lagerstätten des polyzyklischen Kaukasus offenbart einen sehr charakteristischen und wichtigen Zug der Metallogenese dieser Provinz. Er besteht darin, daß die Lagerstätten der typomorphen Metalle dieses Gebietes in allen Zyklen in einer solchen Form auftreten, als ob sie aus den Bildungen der älteren Zyklen in jüngere übergegangen wären. Eines der typischsten typomorphen Metalle ist das Molybdän. Molybdän-Lagerstätten verschiedener Typen (Skarnlagerstätten und hydrothermal veränderte Dykes, Quarzgänge mit Molybdänglanz) sind innerhalb der kaledonischen, herzynischen und alpidischen Bildungen bekannt. Eine so beharrliche Vererbung der Bildung postmagmatischer Molybdän-Lagerstätten im Kaukasus vom Unterpaläozoikum bis zum Tertiär scheint auf den ersten Blick sehr der Ansicht von der konsequenten Regeneration dieses Metalls aus Erzprodukten der vorangegangenen Perioden in späteren metallogenetischen Perioden zu entsprechen. Bei aufmerksamer Untersuchung dieser Frage gelangt man jedoch nicht zu einer solchen Schlußfolgerung.

Es ist so, daß der Anteil des Metalls in den Lagerstätten der nachfolgenden Zyklen ungewöhnlich stark zunimmt. Das Molybdän der kaledonischen Erzvorkommen ist im Grunde genommen nur in geochemischen Dosen vertreten. Die Menge des Molybdäns in den herzynischen Erzvorkommen ist ebenfalls unbedeutend. Erst in den jungen Lagerstätten des alpidischen Zyklus haben sich große Vorräte dieses Metalls akkumuliert. Im Vergleich zu den erheblichen Massen des jungen alpidischen Molybdäns ist die Menge des Molybdäns der herzynischen und kaledonischen metallogenetischen Periode ganz unbedeutend. Die Ansicht, daß die nicht geringe Anzahl der alpidischen Lagerstätten des Großen Kaukasus nach dem Schema der Regeneration aus den verschwindend wenigen älteren Erzvorkommen hervorgegangen sein soll, ist völlig unmöglich.

Es ist gleichzeitig erwähnenswert, daß im allgemeinen die größte Konzentration des Metalls und die Bildung der größten Lagerstätten in polyzyklischen metallogenen Gebieten gewöhnlich mit der Schlußphase der endogenen Vorgänge zusammenhängt.

Diese Regel gilt auch für die andere Gruppe der Erzlagerstätten des Großen Kaukasus, für die polymetallischen Lagerstätten. Am Nordabhang des Großen Kaukasus, und zwar in seinem westlichen Teil, im Gebiet des Kuban-Beckens bis zum Becken des Flusses Baksan, befindet sich ein Gürtel herzynischer polymetallischer Lagerstätten in einer Ausdehnung von ca. 75 km (Elbrus, Tysyl u. a.). In dessen östlicher Fortsetzung liegt der bekannte Sadon-Gürtel alpidischer polymetallischer Lagerstätten, der eine Länge von ca. 100 km aufweist. Auf diese Weise besteht hier ein enger räumlicher Zusammenhang der herzynischen und alpidischen Lagerstätten mit gleicher Zusammensetzung.

Mengenmäßig sind die Blei- und Zinkvorräte in den bekannten alpidischen polymetallischen Lagerstätten mindestens 15—20mal höher als die Vorräte der gleichen Metalle in den bekannten herzynischen Lagerstätten. Unter diesen Umständen ist die Annahme unmöglich, daß die alpidischen polymetallischen Lagerstätten des Sadon-Gürtels sich durch Regeneration der herzynischen Lagerstätten gebildet haben. Diese Ansicht wird auch durch die Daten der Isotopenanalyse des Bleis der Galenite der beiden angeführten verschiedenaltrigen Gruppen der polymetallischen Lagerstätten des nördlichen Abhanges des Großen Kaukasus bestätigt. Die Isotopenzusammensetzung des Bleies der Galenite dieser beiden Lagerstättengruppen ist vollkommen verschieden (Tab. 1).

Tabelle 1

Lagerstättengruppen:	Pb 205/Pb 204	Pb 207/Pb 204	Pb 208/Pb 204
Herzynisch:	18,02	15,22	37,31
Alpidisch:	18,60	16,08	39,13

Nach vorstehender Tabelle von Akademiemitglied A. P. WINOGRADOW entsprechen die Ergebnisse der Isotopenanalyse des Bleies bei den herzynischen Lagerstätten einer oberpaläozoischen und bei den alpidischen einer mesokänozoischen Bildungszeit. Diese Angaben schließen die Möglichkeit der Bildung alpidischer polymetallischer Lagerstätten des nördlichen Abhanges des Großen Kaukasus durch Regeneration herzynischer oder irgendwelcher anderer viel älterer Lagerstätten vollkommen aus. Daher kann man am Beispiel des Großen Kaukasus mit Bestimmtheit sagen, daß das Prinzip der regenerierten, hydrothermalen Lagerstätten in polyzyklischen metallogenetischen Provinzen keine universelle Bedeutung hat.

Bisweilen kann jedoch die Bildung einzelner Lagerstätten und Erzvorkommen entsprechend dem von

SCHNEIDERHÖHN angegebenen Schema der Regeneration der mineralischen Substanz aus früher entstandenen Lagerstätten angenommen werden. Diese Vorstellung gewinnt man im Hinblick auf die Karbonat-Galenit- und die Baryt-Galenit-Trümer, die in jurassischen Sandsteinen, die die paläozoischen polymetallischen Lagerstätten des Großen Kaukasus überlagern, bekannt sind.

Interessant sind in dieser Beziehung die Blei-Zink-Lagerstätten des Kara-Tau-Gebirges in Kasachstan, deren Bildung von einem Teil der Geologen auf hydrothermale Tätigkeit zurückgeführt wird, während der andere Teil sie als marinsedimentäre Bildungen betrachtet, die mit den mittel- und oberpaläozoischen karbonatischen Nebengesteinen syngenetisch entstanden sind. Diese Lagerstätten ziehen sich in kettenförmiger Anordnung längs eines regionalen, altangelegten Bruches hin, der das stabile Erhebungsgebiet von der Zone der mittel- und oberpaläozoischen Geosynklinalsenke trennt. Das Territorium, in welchem sie vorkommen, wird dadurch gekennzeichnet, daß oberpaläozoische Eruptivgesteine fehlen. Die Erzkörper dieser Lagerstätten haben sowohl die Form konkordanter als auch diskordanter Lager mit einfacher Mineralzusammensetzung, mit herabgesetztem Silbergehalt im Bleiglanz und herabgesetztem Eisengehalt in der Zinkblende. Sie würden also auf Grund all dieser Merkmale der zweiten Gruppe der sekundär-hydrothermalen Lagerstätten SCHNEIDERHÖHNs entsprechen. Wenn diese Vorstellung zutrifft, dann können die polymetallischen Lagerstätten des Kara-Tau-Gebirges möglicherweise als herzynische hydrothermale Bildungen angesehen werden, die durch Regeneration der Lagerstätten der älteren kaledonischen Strukturen gebildet wurden. Dieselben kaledonischen Blei-Zink-Lagerstätten sind in der Fortsetzung dieses Erzgürtels südlich des Talassker Ala-Tau bekannt.

Hier, unter den Verhältnissen eines tieferen Erosionsanschnittes, gibt es eine Reihe polymetallischer Lagerstätten komplizierterer Zusammensetzung (Kurgan u.a.), die von einigen Geologen als kaledonisch betrachtet werden. Das Isotopenverhältnis des Bleies der Galenite

Tabelle 2

Lagerstätten:	Pb 206/Pb 204	Pb 207/Pb 204	Pb 208/Pb 204
Talassker Ala-Tau (Kurgan)	16,68	15,43	38,42
Kara-Tau (Altschissai)	17,04	15,07	37,13

Tabelle 3

Lagerstätten:	Pb 206/Pb 204	Pb 207/Pb 204	Pb 208/Pb 204
Herzynische Lagerstätte des Tien-chans	18,05	15,99	38,42
Tschunkej	18,19	15,66	38,31

dieser beiden Lagerstättengruppen ist sehr ähnlich und beweist das kaledonische Alter sowohl der Lagerstätten des Talassker Ala-Tau als auch der Lagerstätten des Kara-Tau (Tab. 2).

In Zentral-Kirgisien, am Mittellauf des Flusses Naryn, ist die telethermale Blei-Zink-Lagerstätte Tschunkej bekannt, die in tertiären Konglomeraten liegt. Die Lage dieser Lagerstätte in tertiären Gesteinen bestimmt ihre Zugehörigkeit zur alpidischen Metallogenese. Gleichzeitig handelt es sich hier um eine einzelne Lagerstätte, die sich auf einem Territorium befindet, auf welchem hydrothermale polymetallische Lagerstätten der frühen Phasen des herzynischen Zyklus, der für diesen Teil des Tien-schan wichtigsten metallogenen Epoche, in großem Umfang entwickelt sind.

Die Analyse der Isotopenzusammensetzung des Bleies des Galenits dieser Lagerstätte zeigt, daß sie sich in nichts von der Isotopenzusammensetzung des Bleies aus herzynischen Lagerstätten unterscheidet und daß sie auf Grund dieses Merkmals zu derselben Gruppe gehört (Tab. 3).

Auf Grund des Dargelegten erscheint es angebracht, die Genese der Lagerstätte Tschunkej unter dem Aspekt zu betrachten, daß ihre Bildung durch Mobilisation der Substanzen älterer herzynischer polymetallischer Bildungen durch junge alpidisch hydrothermale Lösungen erfolgte.

Natürlich können nicht alle oben angeführten Beispiele für hydrothermale Lagerstätten mit Merkmalen einer Regeneration der Erzsubstanz kategorisch zur Klasse der regenerierten Bildungen gerechnet werden. Diese und andere ähnliche Lagerstätten bedürfen einer zusätzlichen Untersuchung, wobei die erwähnte Möglichkeit ihrer Genese zu berücksichtigen ist.

Wenn daher in den polyzyklischen Faltengebieten die Bildung regenerierter Lagerstätten als universelle Erscheinung abgelehnt wird, ist die Bildung einzelner, verhältnismäßig seltener vorkommender Lagerstätten auf dem Wege einer Mobilisierung der Erzsubstanz von in älteren Orogenesen gebildeten Lagerstätten bei jungen erzbildenden Prozessen nicht ausgeschlossen.

Zur Frage der sekundär-hydrothermalen und regenerierten Lagerstätten im Sinne SCHNEIDERHÖHNs

OSCAR OELSNER, Freiberg/Sa.

(Mitteilung aus dem Institut für Mineralogie und Lagerstättenlehre der Bergakademie Freiberg/Sa., Nr. 86)

Etwa von der Jahrhundertwende ab begann sich in der Lagerstättenlehre eine Systematik nach der Genese der Vorkommen einzubürgern, vor allen Dingen nachdem 1906 LINDGREN in der 1. Auflage seiner Lagerstättenlehre, Mineral Deposits, dieses System konsequent verfolgte. 1920 wurden von NIGGLI theoretische Grundlagen für die Systematik der genetischen Klassifizierung magmatischer Lagerstätten gegeben und von SCHNEIDERHÖHN weiter ausgebaut. Diese genetische Grundlage ging von der Vorstellung aus, daß alle Lagerstätten aus durch Differentiation eines Stamm- oder Urmagmas entstehenden Teilmagmen abzuleiten sind. Die SCHNEIDERHÖHNsche Einteilung ist demnach folgendermaßen:

1. Hauptgruppe liquidmagmatische Lagerstätten,
2. Hauptgruppe pegmatitisch-pneumatolytische Lagerstätten,
3. Hauptgruppe hydrothermale Lagerstätten,
4. Hauptgruppe Exhalationslagerstätten und als Anhang hierzu exhalativ hydrothermal-sedimentäre Eisenerze vom Lahn-Dill-Typ.

Diese Einzelgruppen werden noch weiter unterteilt, so daß bei SCHNEIDERHÖHN schließlich 30 verschiedene Untergruppen magmatischer Lagerstätten verzeichnet werden.

Nach dem Tode LINDGRENs ist aus verschiedenen Gründen das genetische System außerhalb Europas, vor allen Dingen in den USA, wieder verlassen worden, und auch nach dem zweiten Weltkrieg zeigen sich in Europa in verschiedenen neueren Lehrbüchern die gleichen Tendenzen.

Eine der Ursachen des Verlassens des genetischen Prinzips von Lagerstätten mag darin liegen, daß es verschiedene Lagerstätten gibt, die zweifellos, wie die Erscheinungsformen zeigen, durch warme, wässerige Lösungen abgesetzt wurden, die also nach der Klassifikation in die magmatisch-hydrothermalen Lagerstätten eingereiht wurden, bei denen aber keinerlei Beziehung zu irgendeinem Magmatismus gezeigt werden konnte; dies einesteils deswegen, weil sie in Formationen aufsetzen, in denen und in deren Nachbarschaft keine Intrusivkörper magmatischer Art zu finden sind, zum anderen auch aus dem Grunde, weil sie zu Zeiten entstanden sind, denen eine magmatische Tätigkeit völlig fremd war.

Zur Erklärung dieser Widersprüche wurde von SCHNEIDERHÖHN zunächst 1941 und ausführlicher 1949 die Hypothese der sekundär-hydrothermalen Lagerstätten aufgestellt. Es handelt sich hierbei um Lagerstätten, die auf in jüngerer Zeit durchbewegten und dabei weiter in das Deckgebirge aufgerissenen Spalten sitzen und die durch taube wässerige Lösungen teilweise gelöst und weiter nach oben gebracht wurden. Mit dieser Hypothese wurde das Auftreten der Schwerspatlagerstätten im Buntsandstein des östlichen Schwarzwaldabhanges erklärt und überhaupt das Auftreten ähnlicher Lagerstätten im germanotyp beanspruchten Mesozoikum Deutschlands. Die Wässer, die zur Auflösung führten, wurden im Jahre 1951 in den Veröffentlichungen der Italienischen Mineralogischen Gesellschaft noch auf Restlösungen aus alten Intrusionsherden früherer Zeiten, also praktisch im Mesozoikum sitzenden Lagerstätten, aus varistischen Herden abgeleitet, später jedoch auf den Basaltmagmatismus zurückgeführt.

1951 wurde diese Hypothese auch auf die im Mesozoikum Nord-Afrikas sitzenden Blei-Zink-Lagerstätten ausgedehnt und darüber zusammen mit BOLZE im Bulletin de la Société Géologique de France eine Abhandlung veröffentlicht.

1952 erschien im Neuen Jahrbuch für Mineralogie eine ausführliche Darstellung und Begründung dieser Hypothese, die durch die Schaffung des Begriffes der regenerierten Lagerstätten erweitert wurde. Über diese Frage wurde noch an verschiedenen Stellen berichtet, so die Gedanken SCHNEIDERHÖHNs, durch BOLZE auf dem Internationalen Geologenkongreß in Algier 1952 vorgetragen, mit dem Titel „Erzlagerstättenbildung und Geotektonik“ in der Zeitschrift für Erzbergbau und Metallhüttenwesen, unter „Konvergenzerscheinungen zwischen magmatischen und sedimentären Lagerstätten“ in der Geologischen Rundschau. Im Neuen Jahrbuch für Mineralogie „Fortschritte in der Erkenntnis sekundär-hydrothermaler und regenerierter Lagerstätten“ wurde die Theorie weiterentwickelt, d. h. es wurden hier zunächst Erwiderungen auf Einwände von PETRASCHECK, BEDERKE, DI COLBERTALDO und ANDREATTA gegeben, und danach folgt eine Aufzählung von nach Meinung SCHNEIDERHÖHNs als sekundär-hydrothermal oder regeneriert zu bezeichnenden Lagerstätten. 1956 wurde in den Comtes Rendus de la Société Géologique de Finlande noch einmal die Hypothese dargestellt und auch die Lagerstätten von Katanga, die Carnotitlagerstätten und die Bleilagerstätten der Eifel sowohl als Lagerstätten des terrestrischen Schwefelkreislaufes, also in der Nomenklatur SCHNEIDERHÖHNs als Konzentrationslagerstätten arider Wannen, als auch als sekundär-hydrothermal bezeichnet.

Zur Begriffsbestimmung der sekundär-hydrothermalen Lagerstätten wurde oben schon das Notwendige gesagt. Die Möglichkeit, nichtmagmatische Wässer zur Bildung sekundär-hydrothermaler Lösungen heranzuziehen, wird nicht diskutiert. Die primär tauben Thermen wurden alle als magmatisch angesehen.

Als regenerierte Lagerstätten werden solche Lagerstätten bezeichnet, die Gebirgen entstammen, in denen ältere, nicht voll kratonisierte Teile von der Orogenese überwältigt worden sind. Diese Begriffsbestimmung wird außerhalb des amerikanischen Kontinents vor allen Dingen auf die alpidischen Lagerstätten angewandt, mit dem sehr richtigen Hinweis, daß hier varistische Kerne zum Teil mit überwältigt, zum Teil noch als Kern, zum Teil noch als solche erkennbare Reste innerhalb des Orogens auftreten. SCHNEIDERHÖHN nimmt nun an, daß die Lagerstätten in der alpidischen Orogenese aus varistischen Lagerstätten magmatischer Herkunft entstanden seien, die bei der alpidischen Orogenese überwältigt und wiederum abgesetzt worden wären. Bei dieser Überwältigung und dem Wiederabsatz sei ein großer Teil der ursprünglich vorhandenen Mineralkomponenten verlorengegangen, und solche Lagerstätten zeichneten sich durch einen sehr einfachen und monotonen Aufbau aus. Tatsächlich ist dies in den Ost-Alpen und auch in den West-Alpen der Fall, wo z. B. eine Anzahl von Lagerstätten auftritt, bei denen eine Zuordnung zu einem Pluton nicht recht möglich ist. Im weiteren Sinne werden dann auch Lagerstätten, die palingen-magmatischer Natur sind, zu solchen regenerierten Lagerstätten gerechnet. SCHNEIDERHÖHN vertritt die Ansicht, daß in Europa das letzte Mal im Varistikum, im amerikanischen Kontinent das letzte Mal während der laramischen Orogenese juvenile Magmen mit juvenilem Erz sialischen Charakters hochgestiegen sind. Dies deshalb, weil durch eine sehr tiefe Einsenkung der Geosynklinale die Möglichkeit bestand, primär juvenil sialisches Magma mit entsprechenden Mengen an Metallen in das Orogen intrudieren zu lassen.

Die Meinungen von SCHNEIDERHÖHN sind nicht unwidersprochen geblieben, vor allen Dingen die Frage, ob es ein juveniles sialisches Magma und palingene Magmen gibt, oder ob alles palingen sei. SCHNEIDERHÖHN ist der Meinung, daß es ein juveniles sialisches Magma gebe, das sich seit der Bildung der Sialkruste erhalten hat und bei dem also in Europa das letzte Mal während der varistischen Orogenese, in Amerika während der laramischen Orogenese eine Zufuhr von Metallen juveniler Art in die Erdoberfläche erfolgte. In seiner Schrift „Genetische Lagerstättengliederung auf geotektonischer Grundlage“ und auch in späteren Arbeiten geht er auf die Frage der Palingenese ein, vor allem auf die Frage, ob es richtig sei, nach BACKLUND eine Hauptmetallepoche, die sehr weit im Präkambrium zurückliegt, anzunehmen und alle weiteren sialischen Lagerstätten auf palingene Gesteine zurückzuführen, oder ob die von SCHNEIDERHÖHN angeführte Ansicht vorzuziehen sei. Nach BACKLUND wäre ja dann auch das varistische Magma ebenfalls im Sinne von SCHNEIDERHÖHN als regeneriert anzusehen. Damit würde übereinstimmen, was in den Darstellungen von SCHNEIDERHÖHN nicht erwähnt wird, daß ja auch im varistischen Orogen ältere Kerne auftreten, z. B. solche algonkischer Art. Die Meinung, daß seit grauen Vorzeiten der Erde, weit vor dem Präkambrium, alle sialischen Metallogenesen auf ein paligenes Magma zurückzuführen sind, lehnt SCHNEIDERHÖHN ab, und zwar aus geochemischen und aus provinziellen Gründen. Er sagt: „Geochemisch hat der Metallinhalt der alten Schilde einen völlig anderen Charakter als der des varistischen Orogens. Es sei nur an das gänzliche Fehlen der Zinn- und Wolframlagerstätten erinnert, das auffällige, fast völlige Zurücktreten von Silber-, Blei- und Zinkerzen und das stark überwiegende Auftreten von Gold, Arsen, Nickel und Kupfer." Nun kennen wird jedoch eine sehr große Zahl von bedeutenden Blei-Zink-Lagerstätten aus den alten Schilden, und gerade das letzte Jahrzehnt hat eine große Zahl solcher Lagerstätten neu entdecken lassen. Daß Zinn- und Wolfram-Lagerstätten in alten Schilden fehlen, ist völlig verständlich, da es sich um tiefe Anschnitte handelt. Das reichliche Auftreten von Gold in den alten Schilden ist auch durch den tiefen Anschnitt zu erklären, da in höher intrudierten jüngeren Graniten eine weitgehende Anreicherung des Eisens stattgefunden hat und infolgedessen der auch in den hoch intrudierten palingenen Magmen immer noch vorhandene Goldgehalt vorwiegend im Pyrit, zum Teil auch in der Zinkblende, getarnt wurde, wie dies besonders schön in Freiberg zu erkennen ist. Das besonders reichliche Auftreten von Nickel in den alten Schilden wird durch die jeweilige Lage der bereits in Abbau befindlichen Lagerstätten begründet. SCHNEIDERHÖHN bezieht sich in seinem Hauptwerk und auch in späteren Arbeiten auf eine Darstellung von BLONDEL, die 1936 gegeben wurde und die sich auf die im Jahre 1929 gewonnenen Metalle stützt. BLONDEL hat die im Jahre 1929 gewonnenen Metalle nach geotektonischen Einheiten mengenmäßig gegliedert und kommt dabei zu der Feststellung, daß rund 95% des Nickels und nur etwa 9% des Zinns aus präjungalgonkischen Kratonen stammt. Das ist richtig und bezieht sich auf die Metalle, die gefördert wurden. Es ist jedoch falsch, eine derartige Kombination auf die Förderung abzustellen. Es wäre notwendig, derartige Überlegungen auf die tatsächlichen potentiellen Vorräte einzelner Gebiete zu beziehen. Da nun Nickel ein typisches Element der Peridotitschale ist und dort seine größte bekannte Anreicherung zeigt, jedoch auch Peridotite in jüngeren Formationen auftreten, aus denen im Anschnitt Nickelsilikat-Lagerstätten entstanden sind, die in immer zunehmendem Maße an der Nickelproduktion der Welt teilhaben, so würde man feststellen können, daß gerade in bezug auf das Nickel eine sehr erhebliche Verschiebung der Anteile stattfindet. Auf der anderen Seite würde, wenn man die in Sulfiden mit Eisen zusammen getarnten Goldvorräte jüngerer Lagerstätten mit hinzuzieht, ebenfalls eine wesentliche Verschiebung des Goldinhaltes der Lagerstätten zugunsten jüngerer Abfolgen eintreten.

SCHNEIDERHÖHN schreibt dazu weiter: „Die Übersicht über den Metallinhalt der Lagerstätten der alten Schilde, wie sie BLONDEL gegeben hat, bestätigt dies aufs klarste. Der Unterschied ist nicht etwa dadurch erklärt, daß die alten Schilde sehr viel tiefere Stockwerke darstellen mit ganz anderen Metallen, als sie in höheren Stockwerken des varistischen Orogens vorlagen. Denn wenn solche höheren Stockwerke analoger Art dagewesen wären, was natürlich nicht ausgeschlossen ist (es ist hierzu zu sagen, daß es nicht nur nicht ausgeschlossen ist, sondern auf jeden Fall so sein muß! d. Verf.), dann wären sie schon im Jungalgonkium denudiert gewesen und ihr Metallinhalt wäre dabei so weit zerstreut worden, daß er unmöglich in einem regenerierten Orogen sich später wieder in ähnlichen Verhältnissen und Konzentrationen zusammengefunden hätte."

Zu dieser Hypothese von SCHNEIDERHÖHN ist einiges zu bemerken. Es ist notwendig, zunächst auf die Frage des sialischen Urmagmas einzugehen, das sich in Europa bis zum Varistikum und in dem amerikanischen Kontinent bis zur laramischen Orogenese erhalten haben soll.

Die Geophysik hat in den letzten Jahren weltweit die Hypothese bestätigen können, daß die Erde aus mehreren Schalen verschiedener Zusammensetzung besteht, die sich bei der Bildung und Konsolidierung der Erde differenziert haben. Die einzelnen Schalen sind voneinander durch Gebiete getrennt, in denen sich die Laufzeit seismischer Wellen sehr plötzlich ändert, also Gebiete, in denen sich die Zusammensetzung der Materie sprungweise verändert haben muß. Diese Gebiete werden als Diskontinuitätsflächen bezeichnet, deren oberste, die Conrad-Diskontinuität, nicht auf dem ganzen Erdball auftritt, sondern nur unterhalb sialischer Blöcke. Sie wird als die Grenze der Granitschicht gegenüber der Basaltschale angesehen. Die nächste bedeutende Diskontinuitätsfläche, die Mohorovičić-Diskontinuität, liegt tiefer. Sie ist die erste Diskontinuitätsfläche, die die gesamte Erde gleichmäßig umspannt und die auf Grund der Laufzeiten der seismischen Wellen als die Grenze Basaltschale/Peridotitschale angesehen wird. Die Conrad-Diskontinuität liegt in etwa 16–20 km Tiefe. Innerhalb sialischer Blöcke herrschen hier, unter der Voraussetzung des Gleichbleibens der geothermischen Tiefenstufe — wenigstens bis zu dieser Tiefe —, Temperaturen von rd. 600° C. Bei diesen Temperaturen ist der Granit gerade noch verfestigt. Es besteht also keine Möglichkeit, daß sich hier sialisches Magma erhalten hat. Der darunterliegende wasserfreie bis wasserarme Basalt ist bei dieser Temperatur selbstverständlich ebenfalls fest. Die geophysikalischen Daten sprechen also absolut gegen die Möglichkeit einer Konservierung einer ursialischen Schmelze bis in jüngere Zeiten. Man wird vielleicht einwenden können, daß es jetzt keine mehr gibt, sie früher jedoch vorhanden war. Eine granitische Schmelze hat nun, einmal auf Grund ihres Gehaltes an Wasser und anderen flüchtigen Bestandteilen, und zum anderen auf Grund der Tatsache, daß Silikate im ungeordneten Zustand ein größeres Volumen einnehmen als im geordneten Zustand, eine geringere Dichte als das wasserfreie auskristallisierte sialische Gestein. Die geringere Dichte bringt daher, ebenso wie die geringe Dichte von Salzstöcken, ein zwangsläufiges langsames Emporsteigen sialischer Magmen mit sich. Wenn es auch in früheren Zeiten derartige ursialische Restmagmen, wie sie hier angenommen wurden, gegeben hat, dann hätten diese im Laufe der Zeiten langsam aufsteigen müssen und wären dann nach Abgabe ihres Wärmeinhaltes in oberen Erdkrusten steckengeblieben oder auch effusiv geworden. Auf jeden Fall müßten an irgendeiner Stelle anorogene Granitintrusionen aufgetreten sein. Das ist allerdings nirgends der Fall. Alle Granite sind an Orogene geknüpft, mit Ausnahme von einigen Hybridisierungsprodukten simatischer Magmen. In diesen Ausnahmefällen treten auch Granite als Produkte des finalen Magmatismus auf, u. U. auch quarzporphyrähnliche Gesteine als Produkte des initialen Magmatismus.

Die große Masse der Granite und ihrer Effusivformen, der Quarzporphyre, ist aber stets an Orogene geknüpft und tritt hier in der Regel als ein subsequenter Magmatismus während des Ausklingens der Orogenese, während der letzten orogenen Perioden oder zwischen diesen Perioden auf. Das bedeutet aber, daß die granitischen Gesteine, die wir kennen, erst während der Orogenese selbst entstanden sein können, daß sie also palingen sind.

Zu dem oben zitierten Einwand SCHNEIDERHÖHNs gegen die Palingenese ist folgendes zu bemerken: Bei der Abtragung von Hochgebieten und bei der Ansammlung des Detritus im Geosynklinalraum erfolgt der Transport der Schwermetallkationen teils in ionarer Lösung, teils adsorptiv an Tonminerale gebunden. Das bedeutet aber, daß der Spurenmetallanteil der Sedimente im Geosynklinalraum primär durchaus verschieden sein kann, da die Abtragung und Resedimentation zunächst gebildeter Hochgebiete nicht in die gleichen Gebiete eines Geosynklinalraumes führt. Demnach ist die Möglichkeit gegeben, daß sich in ein und demselben Geosynklinalraum an verschiedenen Stellen verschiedene Spurenmetalle anreichern und daß die bei der Palingenese daraus resultierenden Granite in ihrem primären Metallinhalt durchaus verschieden sein können. Dazu kommt weiterhin, daß die Intrusion eines bei der Orogenese gebildeten palingenen Magmas nicht schlagartig an allen Stellen erfolgt, sondern über recht lange Zeiträume hindurch. Das ist durchaus erklärlich, da anzunehmen ist, wie die Existenz von Airyschen Wurzeln bei verschiedenen Orogenen zeigt, daß die Faltung im Sinne von KRAUS kein einfaches Zusammenschieben von Oberflächenteilen ist, sondern im wesentlichen ein Herabziehen des Geosynklinalinhaltes, also eine Tieffaltung, wie dies KRAUS ausgedrückt hat.

Unterhalb von 20 km Tiefe liegen die Temperaturen in normalen Kratonen über 600° C. Während einer Orogenese ist aber die Durchwärmung des Ganzen infolge der mechanischen Energie noch wesentlich größer, so daß die Möglichkeit besteht, daß ein in einer orogenen Phase gebildetes palingenes Magma während seines Aufstieges, wenn dieser aus sehr großer Tiefe erfolgt, über sehr lange Zeit in schmelzflüssigem Zustand erhalten bleiben kann. So haben wir ja im Varistikum Granitintrusionen von der bretonischen bzw. sudetischen Phase angefangen bis zur saalischen Phase hinauf. Es ist unwahrscheinlich, daß jedes Mal ein palingenes Magma neu gebildet wurde. Im Erzgebirge z. B. dauerten die Granitintrusionen, die zweifellos ein und demselben Herd entstammen, etwa vom Namur bis in das Unterrotliegende. Damit ist die Möglichkeit gegeben, daß durch spätere Assimilation oder aber durch Thermodiffusion und andere Vorgänge der Charakter und der Chemismus der Schmelze in weitgehendem Maße geändert wird, daß also die Lagerstättenaureole von Graniten der gleichen Metallprovinz, die zeitlich nacheinander intrudieren, durchaus verschieden sein kann. Damit ist wiederum eine Differenzierung der Abtragungsprodukte in verschiedene Teile eines späteren Geosynklinalraumes möglich geworden. Die Metalle sind natürlich im Geosynklinalsediment in jedem Falle stark dispergiert und tragen immer den Charakter von Spurenelementen. Infolge der langen Zeiträume bis zur restlosen Erstarrung der palingenen Schmelze ist aber immer mit einer Anreicherung bestimmter Metalle in einem Teil der Schmelze in einem solchen Maße zu rechnen, daß aus Restlösungen Lagerstätten entstehen können. Der Thermodiffusion dürfte dabei eine erhebliche Bedeutung zugesprochen werden.

Es erhebt sich nun die Frage, was für einen Sinn es hat, regenerierte Lagerstätten anzunehmen, wenn in letzter Konsequenz alle sialischen Lagerstätten, zumindest seit präalgonkischen Zeiten, aus Abtragungsmaterial sialischer Blöcke, die in Geosynklinalräume transportiert worden sind, palingen mobilisiert und auf diese Art und Weise wieder zu echt magmatischen Lagerstätten umgeformt wurden. Dann müßten wir also alle Lagerstätten sialischer Natur als regenerierte Lagerstätten ansehen, und durch die Aufstellung dieser Gruppe wird die Diskrepanz, die in dem Auftreten von Lagerstätten besteht, die nicht in Beziehung zu Plutonen zu bringen sind, nicht abgeschwächt und nicht beseitigt. Ferner ist auch gar nicht einzusehen, warum ein ursialisches Magma in Europa während der varistischen Paragenese erschöpft wurde, im amerikanischen Kontinent jedoch erst während der laramischen Orogenese. Man muß sich fragen, ist denn die nevadische und laramische Orogenese wirklich so tiefgreifend gewesen, daß das aus unerklärlichen Gründen gerade dort noch vorhanden gewesene sialische Urmagma mit in die Orogenese hineingezogen wurde? Was die nevadische Orogenese anbetrifft, so ist die Versenkung des Geosynklinalraumes offensichtlich nicht so tief vor sich gegangen wie zum Teil bei der alpidischen Orogenese, denn die Airysche Wurzel der Nevadiden besteht nach den neueren Untersuchungen aus einer Verdickung der Basaltschale, während die Airysche Wurzel der Alpiden aus einer Anhäufung von Sialmasse besteht. Hier ist also ein sehr erheblicher Widerspruch festzustellen.

Die Begriffsbestimmung der regenerierten Lagerstätten im Sinne SCHNEIDERHÖHNS ist daher, wenn man die reproduzierbaren Ergebnisse der Geophysik als existent annimmt, abzulehnen.

Was nun die sekundär-hydrothermalen Lagerstätten anbetrifft, so ist es durchaus möglich, daß das Material in einer wieder aufgerissenen Spalte mobilisiert, weitertransportiert und letzten Endes wieder abgeschieden wird. Selbstverständlich ist Voraussetzung, daß das Lösungsmittel in die Spalte hineinkommt, den alten Metall- oder Erzinhalt aufzulösen und ihn weiterzutransportieren vermag. Solche Fälle sind ganz zweifellos nicht selten. Die Fälle, in denen ein derartiges Heraufschieben des Lagerstätteninhaltes durch jüngere Intrusivkörper erfolgt ist, scheinen mir aber in der Mehrzahl von Magmenkörpern abzuleiten zu sein, die sialischen Ursprungs sind und innerhalb der gleichen Intrusionsperiode wie der eigentliche Erzspender auftraten. Die sogenannten saxonischen Lagerstätten auf diese Art und Weise zu erklären, ist nicht in jedem Fall stichhaltig, weil die Richtungen der Spalten in sehr vielen

Fällen durchaus anders angelegt sind. Es ist richtig, daß alte Schwächezonen immer wieder durchbewegt werden, daß alte Lineamente immer wieder Gebiete einer jüngeren tektonischen Bewegung sind, nur sitzen Ganglagerstätten, die einem sialischen Pluton entstammen, in der Regel nicht auf den Hauptstörungen derartiger Lineamente. Spaltenfüllungen sind Ausfüllungen offener Hohlräume. Solche Hohlräume sind neubelebte präexistente oder bei der Absenkung des Daches über einem erstarrenden Pluton neu entstandene, also durch die Dachtektonik des erstarrenden Plutons bedingte Spalten. Es ist also völlig unwahrscheinlich, daß derartige Spalten bei neueren Bewegungen so geöffnet werden, daß die Restlösungen eines intrudierenden Magmas Zutritt zu diesen Spalten haben und die Möglichkeit besitzen, die in der Tiefe sitzenden Lagerstätten restlos weiter nach oben zu verfrachten. Am Beispiel der saxonischen Lagerstätten des Thüringer Waldes habe ich dies in einer früheren Arbeit (s. Literatur-Verzeichnis am Schluß) ausführlich erörtert und hier auch nachgewiesen, daß auf Grund der Lage dieser Lagerstätten zum varistischen Pluton selbst ein Weitertransport ins Dach deswegen gar nicht möglich war, weil die neue Lagerstätte ja in dem Gebiet des Plutons lag, in dem sie bei primärer Abscheidung schon hätte sitzen müssen. Man kann also nicht alle Lagerstätten, die in jüngeren Gesteinen ziemlich weit weg von einem Pluton auf Spalten sitzen, als umgelagerte Primärlagerstätten deuten. Durch diese Einwendungen gegen die Hypothese SCHNEIDERHÖHNs ist jedoch die Diskrepanz, die zwischen dem Auftreten gewisser Lagerstätten und den bisher angenommenen Bildungsmöglichkeiten besteht, nicht aus der Welt geschafft. Diese Frage wird leichter zu lösen sein, wenn man sich darüber klar wird, daß es ja gar nicht notwendig ist, einen Absatz aus einer heißen wässerigen Lösung auf ein Pluton zu beziehen.

Der Fall der Blei-Zinkerze zeigt, daß es auch noch andere Möglichkeiten gibt, um warme wässerige Lösungen zu beziehen. Einmal werden dieselben Vorgänge, die bei der Erstarrung eines wasserhaltigen sialischen Magmas auftreten, ebenfalls bei der Umwandlung von Tongesteinen zu kristallinen Schiefern stattfinden. Es besteht also hierbei die Möglichkeit, daß Hydrothermallösungen frei werden, die, sei es als Front durch Intergranularräume — wenn man so sagen will — oder in unregelmäßigen Strömen auf Spalten, vom Gebiet der Metamorphose in weniger metamorphe Schichten abwandern. Diese Lösungen haben die gleiche Zusammensetzung wie die hydrothermalen Restlösungen eines sialischen Plutons. Die Wahrscheinlichkeit, daß sich aus ihnen Lagerstätten bilden, ist wegen Mangel an Dachtektonik, d. h. also einer zur Spaltenbildung im Abwanderungswege führenden Tektonik, nur gering. In Ausnahmefällen können jedoch auf diese Art und Weise tatsächlich Lagerstätten entstehen.

Auch bei der Diaphthorese können Lagerstätten aus Lösungen, die bei ihr aus dem rückumgewandelten Gestein entstehen, gebildet werden, wie dies ANGEL für die Spateisen- und Magnesitlagerstätten der Ostalpen wahrscheinlich gemacht hat. Auch SCHNEIDERHÖHN sieht diese Möglichkeit der Bildung von Lagerstätten. In diesem Fall handelt es sich jedoch nicht um eine regenerierte Lagerstätte, sondern um ein bei der Regionalmetamorphose entstandenes Mobilisat, denn das Material hat ja ursprünglich nicht in Lagerstättenform vorgelegen. Daß übrigens sehr häufig eine in einem kristallinen Schiefer entstandene primär sulfidische Lagerstätte bei mangelndem Wassergehalt des Nebengesteins bei einer weiteren Regionalmetamorphose nicht wieder in Lösung zu gehen braucht, ja auch gar nicht in Lösung gehen kann, sondern nur regionalmetamorph, evtl. mit Stoffzufuhr, überprägt wird, zeigt in ganz klassischer Weise die Blei-Zink-Lagerstätte von Broken Hill in Australien. Hier blieb der Sulfidbestand, der hohen Metamorphose-Temperatur angepaßt, als Lagerstätte erhalten. Die Gangart, die höchstwahrscheinlich aus Karbonat bestand, wurde restlos umgebaut und in Silikate umgewandelt.

Es ist also auch bei einer Regionalmetamorphose nicht immer wahrscheinlich, daß die ursprüngliche Lagerstätte in Lösung geht, und zwar gilt das nicht nur für Kieslagerstätten, wie z. B. Bodenmais, sondern ebenfalls für die leichter beweglichen Blei-Zink-Lagerstätten, wie das Beispiel von Broken Hill ja zeigt.

Eine weitere Möglichkeit der Bildung hydrothermaler Lagerstätten, die m. E. in den vergangenen Jahrzehnten viel zu wenig beachtet wurde, ist die Tatsache, daß sich Verformungsenergie in Wärme umsetzen muß, daß also bei tektonischen Bewegungen Wärme entwickelt wird. Dadurch können Gesteinspakete mit einem entsprechenden Porenvolumen von H_2O erwärmt werden. Es entsteht also ein Ungleichgewicht der Hydrothermallösungen in dem Porenvolumen, das imstande ist, falls in dem erwärmten Gesteinskomplex schon primäre Lagerstätten irgendwelcher Art — sagen wir sedimentärer Natur, also Sulfidlagerstätten des Schwefelkreislaufs — vorhanden waren, diese umzulagern und zu Lagerstätten zu formen, die magmatisch-hydrothermalen Absätzen außerordentlich ähnlich sein können, ja sogar im gewissen beschränkten Umfang zu migrieren und den Metallinhalt der Primärlagerstätten an anderer Stelle abzusetzen.

Es gibt in neuerer Zeit eine beachtliche Anzahl von Lagerstättenforschern, die diese Hypothese vertreten und an Hand von Resttexturen in den von bergmännischer Seite aus weniger beachteten primären Lagerstätten die sedimentäre Natur der Primärlagerstätte beweisen und damit die in unmittelbarer Nähe gelegenen Absätze warmer wässeriger Lösungen auf diese Lagerstätten primär sedimentärer Natur mit großer Wahrscheinlichkeit zurückführen. SCHNEIDERHÖHN lehnt diese Hypothese, wie sie z. B. für die ostalpidischen Blei-Zink-Lagerstätten oder für die oberschlesischen Blei-Zink-Lagerstätten aufgestellt wurde, grundsätzlich ab, trotzdem es sich hier ganz zweifellos um Bildung sekundärer Hydrothermen handelt, wenn man diese Bezeichnung anwenden will.

Eine weitere Möglichkeit, warme wässerige Lösungen zu erzielen, die in der Lage sind, auch Lagerstätten sialischer Metalle zu bilden, sind die Restlösungen hybrider simatischer Intrusivkörper. Es wird im allgemeinen gesagt, daß die Gesteine der Basaltschale sehr stabil seien und allenfalls zur Bildung von Eisenerzlagerstätten Anlaß geben könnten. Beim Intrudieren von basaltischen Magmen, also Magmen von Plateaubasalt-Charakter mit einem erheblichen Wärmeinhalt, ist es durchaus möglich, wie ich an anderer Stelle gezeigt habe, daß mit diesem Wärmeinhalt bei der Intrusion in wasserhaltige Sedimente ein erheblicher Teil der Sedimente aufgenommen und das ursprünglich plateaubasaltische Magma zu einem essexitischen Magma hybri-

Lagerstättengenetisches Schema

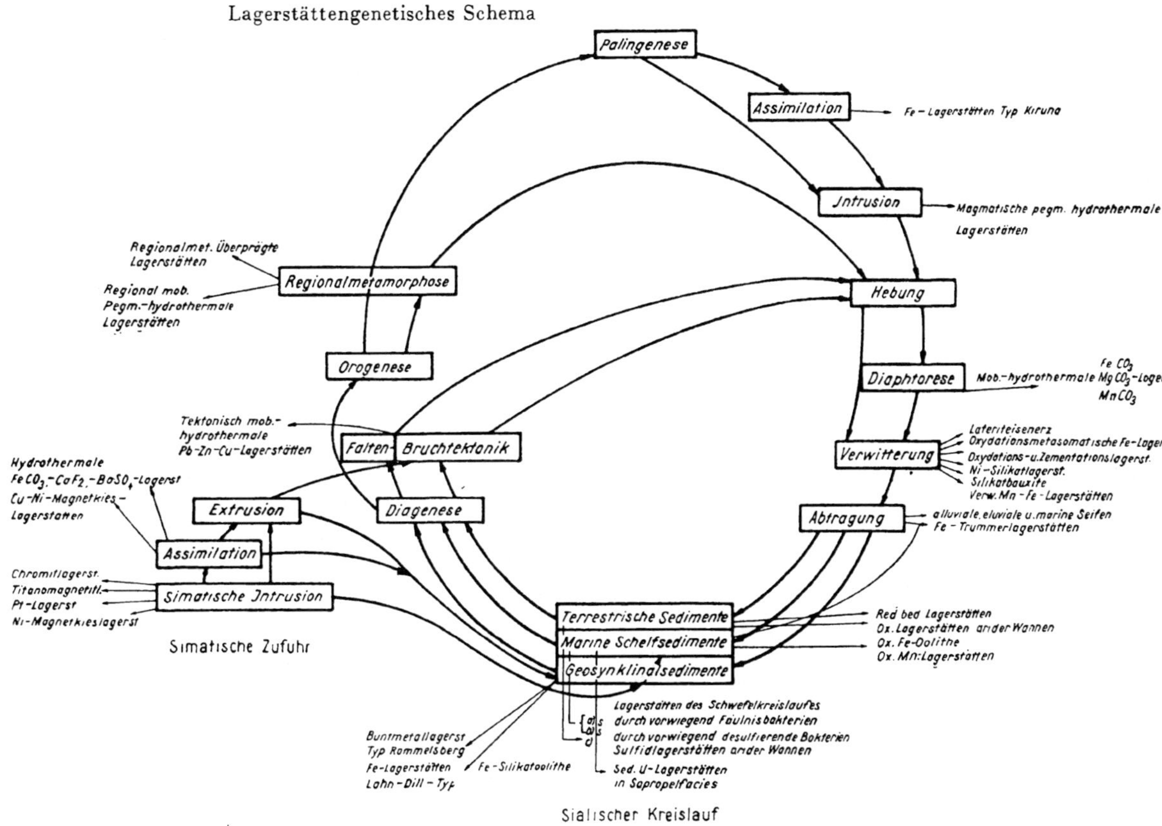

(für desulfierende lies desulfurizierende Bakterien)

disiert werden kann bzw. zu einem keratophyrischen Magma bei der Intrusion in Geosynklinalsedimente. Das hybride, nun auch wasserreiche simatische Magma muß die Spurenelemente, die ihm an sich fremd sind, die bei der Hybridisation aufgenommen wurden, bei der Erstarrung ebenso abgeben wie das Wasser, und dabei kann es zur Bildung von magmatisch-hydrothermalen Lagerstätten kommen, deren Herkunft nicht granitisch ist. Im Gefolge von essexitischen Intrusivkörpern, also Subvulkanen essexitischer Basalte, z. B. im Böhmischen Mittelgebirge, ist es zur Bildung von Blei-Zink-Lagerstätten gekommen, die im Mittelalter erheblich bebaut wurden. Auch die Schwerspatgänge, die im Elbsandsteingebirge auftreten, sind als Absätze derartiger essexitischer Magmen, wie sie z. B. bei Rongstock in der Nähe von Usti a. d. Elbe vorkommen, zu deuten.

Da nun eine Hydrothermallösung auf verschiedene Art und Weise entstehen kann, ist es m. E. nicht sinnvoll, von primär und sekundär hydrothermalen Lösungen zu sprechen. Man sollte das Wort hydrothermal wörtlich nehmen und als hydrothermal alle warmen wässerigen Lösungen bezeichnen, ganz gleich welcher Herkunft diese Lösungen sind. Den Charakter, die Herkunft dieser Lösungen könnte man durch ein vorgesetztes Wort erläutern, also „magmatisch hydrothermal", oder – wenn man will – „sialisch hydrothermal" oder „simatisch hydrothermal", „regionalmetamorph mobilisiert hydrothermal" und „tektonisch mobilisiert hydrothermal". Mit einer derartigen Bezeichnung wäre die Genese der Hydrothermallösung und damit die Herkunft der von ihr abgesetzten Elemente von vornherein klargestellt.

Meines Erachtens erscheint es aber auch notwendig, grundsätzlich zwischen Abkömmlingen sialischer Magmen und Abkömmlingen simatischer Magmen zu unterscheiden.

Wie oben erwähnt, ist es physikalisch nicht denkbar, daß sich aus der Basaltschale dauernd an der Unterseite der Granitschale ein Differentiationsprodukt, das einem Granit entspricht, bildet. Man braucht dazu die Existenz von anorogenen, nicht durch Hybridisation simatischer Magmen entstandenen Graniten, man braucht dazu ebenfalls den Nachweis, daß im Gebiet der Conrad-Diskontinuität die Temperatur wesentlich höher ist als sie nach der normalen geothermischen Tiefenstufe in kristallinen Gesteinen zu erwarten wäre. Da die Conrad-Diskontinuität ebenso wie die Mohorovičić-Diskontinuität eine Diskontinuität darstellt, sind Übergangsschichten oder Übergangsmagmen größerer Ausdehnung von vornherein nicht zu erwarten. Das bedeutet also, daß man streng zwischen sialischen Magmen, basaltischen Magmen und peridotitischen Magmen unterscheiden muß und daß man diese drei Magmen nicht von einem nach der Bildung einer festen Erdkruste noch existierenden Stamm-Magma ableiten kann.

Infolge der hohen Dichte der Peridotite und der großen Tiefenlage der Peridotitschale sind peridotitische Intrusionen, sei es im initialen oder finalen Stadium, verhältnismäßig selten. Die große Masse der simatischen Intrusionen entstammt daher der Basaltschale.

Es erscheint daher für Lagerstätten magmatischer Abkunft folgendes Lagerstättenschema zweckmäßig, bei dem sowohl geotektonische wie auch geologische Gegebenheiten berücksichtigt sind:

a) Lagerstätten sialisch-palingener Magmen

In diese Gruppe fällt, da Kristallisationsdifferentiation bei Graniten keine Rolle spielen kann, infolge der großen Viskosität der Schmelze die Möglichkeit der Bildung von intramagmatischen Lagerstätten fort. Die Reihe beginnt mit Pegmatiten, Pneumatolyten und endet mit Hydrothermal-Lagerstätten, die ihrerseits eine möglichst knappe Untergliederung haben sollten

b) Abkömmlinge simatischer Gesteine

Hier sind intramagmatische Lagerstätten von Titanomagnetit bei gabbroiden Gesteinen und Chromiten bzw. Platinmetallen bei peridotitischen Gesteinen eingeschlossen.

c) Lagerstätten simatisch-hybrider Abfolgen

Als simatisch werden sowohl die Gesteine der Basaltschale als auch der Peridotitschale bezeichnet. Beide unterscheiden sich aber in ihrem Spurenmetallgehalt erheblich. Peridotitische Magmen zeigen eine erhebliche Anreicherung von Nickel und Kupfer und Metallen der Pt-Gruppe gegenüber sialischen Magmen und auch Magmen der Basaltschale. Die Wasser- und Schwefelarmut, die wir diesen Magmen zuerkennen müssen, verhindert aber in der Regel die Möglichkeit der Lagerstättenbildung, da keine Möglichkeit besteht, die genannten Metalle während der Erstarrung aus der Schmelze abzutransportieren. Sie werden also teils isomorph eingebaut werden müssen. Das ist bei Kobalt für Eisen und bei Nickel für Magnesium möglich. Teils müssen sie aber als Fremd- und Spurenelemente, wie Kupfer, zwangsweise mit in das Silikatgitter eingebaut werden.

Aus simatisch-hybriden Magmen, die sowohl Wasser wie Schwefel — z. B. aus marinen Sulfatlagerstätten — aufgenommen haben, ist eine Mobilisation von Nickel und Eisen durchaus möglich. Der Charakter derartiger Gesteine muß allerdings dann infolge der Assimilation von Nebengesteinsprodukten in ein gabbroides Gestein übergehen. Hierher wären die Nickel-Magnetkies-Platin-Lagerstätten, sei es hydrothermaler Art, sei es intramagmatischer Art, zu rechnen. Diese Lagerstätten sind ja, obwohl Nickel und Platin geradezu Leitelemente der Peridotitschale sind, immer an gabbroide oder quarzdioritische Gesteine (Sudbury) geknüpft.

Es gehören also zu dieser Gruppe hydrothermale Lagerstätten mit vorwiegend sialischen Elementen, also Blei-Zink-Lagerstätten, aber auch hydrothermale Lagerstätten mit vorwiegend simatischen Elementen, also Eisenerze, in der Hauptsache als Sulfide mobilisiert, Pyrit mit mehr oder weniger Kupfer vergesellschaftet. Hierzu gehört die Gruppe der hydrothermalen Kieslagerstätten.

Ferner gehören hierher die Abkömmlinge eines finalen Magmatismus, der seinerseits nun wieder auf alten Schwächezonen des Kratons, auf Lineamenten, wie sie SCHNEIDERHÖHN für seine sekundär-hydrothermalen Lagerstätten postuliert, hochgedrungen ist und durch Assimilation so viel sialisches Material aufgenommen hat, daß aus dieser Abfolge Hydrothermal-Lagerstätten entstehen können, und zwar vorwiegend Flußspat-Schwerspatlagerstätten und karbonatische Eisenerzlagerstätten mit $BaSO_4$.

d) Lagerstätten des Geosynklinalraumes

Als eine gesonderte Gruppe möchte ich noch die Lagerstätten des Geosynklinalraumes herausstellen, also Lagerstätten, die im wesentlichen hybriden Magmen des initialen Magmatismus ihre Entstehung verdanken. Es sind dies lediglich die einmal als Chlorid mobilisierten Fe-Lagerstätten des Lahn-Dill-Types oder die Mn-Lagerstätten des Typs Fethiye und als Auswirkung der bei der Chloridmobilisation bei der Exhalation entstehenden Salzsäure die Geosynklinalbauxite, also Kalkbauxite, auf primärer Lagerstätte, ferner bei Assimilation von Lagerstätten des Schwefelkreislaufes in Präsalinarfazies die Lagerstätten vom Typ Rammelsberg/Meggen.

Ich glaube, daß diese Einteilung in Verbindung mit dem oben über die Entstehung warmer wässeriger Lösungen Gesagten ebenfalls auf geotektonischer Grundlage eine natürlichere Möglichkeit gibt, die Diskrepanz zu beseitigen, die zum Teil bei der Erklärung der Genese von Lagerstätten nach dem bisher üblichen Schema entsteht.

In Zusammenhang mit den anderen nichtmagmatischen Lagerstätten ergibt sich daraus ein lagerstättengenetisches Schema (s. S. 287) auf geologischer und geotektonischer Grundlage, das seit Jahren die Grundlage meiner Vorlesungen bildet.

Literatur

ANGEL, F.: Stubachit und Stubachitserpentin von Ganoz, Osttirol. — Z. f. Krist., 1929, 72, S. 1—41.
— Der Kraubather Olivinfels — Serpentinkörper. — Fortschr. Min. 1939, 23, XC. CIV.
BACKLUND, H.: Zum Werdegang der Erze. — Geol. Rundsch. 1941; 32, S. 60—66.
BLONDEL, F.: La répartition régionale des gisements minéreau. — Bull. Soc. Geol. France; 8, 1938, S. 147—160.
BOLZE, J. & SCHNEIDERHÖHN, H.: Métallogénie hydrothermale daus les monts de Téboursouk (Tunisie septentrionale); Bull. Soc. Geol. France, Serie 6, t. 1, 1951, S. 381—387.
BORCHERT, H.: Zonale Gliederung der Lagerstätten. — N. Jb. Min. Mh, Stuttgart, 1956, 6/7, S. 136—161.
LINDGREN, W.: Mineral deposits. — New York, 1906.
NIGGLI, P.: Das Magma und seine Produkte. — Teubner Verlag, Leipzig 1920.
OELSNER, O.: Zur Frage der Entstehung der saxonischen Lagerstätten speziell auf den Randspalten des Thüringer Waldes. — Geologie 5 1956. S. 685—694.
SCHNEIDERHÖHN, H.: Lehrbuch der Erzlagerstättenkunde. — 1941, I. Gustav Fischer-Verlag, Jena.
— Metallepochen, Metallprovinzen und sekundärhydrothermale Vorgänge.
— Rendiconti d. Soc. Min. Ital., VII. Pavia, 1951.
— Genetische Lagerstättengliederung auf geotektonischer Grundlage. — N. Jahrb. Min. Monatshefte, 1952, 2 u. 3, S. 47.
— Konvergenzerscheinungen zwischen magmatischen und sedimentären Lagerstätten. — Geol. Rundschau, 1953, 42, S. 34—43.
— Erzlagerstättenbildung und Geotektonik. — Z. f. Erzbergb. u. Metallhw., 1953, Bd. VI, H. 6.
— Fortschritte in der Erkenntnis sekundär-hydrothermaler und regenerierter Lagerstätten. — N. Jb. Min. Mh., 1953, H. 9/10, S. 223—237.
— Erzlagerstättenbildung und Geotektonik. — Z. f. Erzbergb. u. Metallhw., Beilage Bd. VI, H. 6, 1953.
— La position génétique des gîtes metallifères post-triassiques de l'Afrique du Nord Français. XIX Congr. Géol. Int. Alger. Sect. XII, Fasc. XII 1954a, S. 73.
— Die Kupfererzlagerstätte Ergani Maden in Kurdistan. — Unveröffentl. Bericht an Etikank-Ankara, 1954b.
SCHNEIDERHÖHN, H.: Neuere Forschungen zur theoretischen Lagerstättenkunde. — N. Jb. Min., Mh., Stuttgart, 1956, 8, S. 169—178
— Komplexe Erzlagerstätten. — Extr. d. Compt. rendus de la société géol. de Finlande No. XXIX, 1956.
— Die Entwicklung der Kenntnis der Erzlagerstätten im Schwarzwald. — Z. Deutsch. Geol. Ges., 1958, Bd. 110, 1. Teil, S. 17—21.
STILLE, H.: Zur Herkunft der Magmen. — Abh. Preuß. Akad. d. Wiss. 1939, Math. Naturw., Kl. No. 19, 31 S.

Zum Problem der regenerierten Lagerstätten im Sinne H. SCHNEIDERHÖHNs in den Westkarpaten

CYRIL VARČEK, Bratislava

Die von H. SCHNEIDERHÖHN 1952 dargelegten Ansichten über die regenerierten Lagerstätten berühren im außerordentlichen Maße auch die zentralen Westkarpaten. Dies deswegen, weil die Westkarpaten im alpidischen Faltengebirgsgürtel die unmittelbare Fortsetzung der Alpen bilden, für die diese Theorie hauptsächlich aufgestellt wurde, andererseits auch darum, weil wir es hier mit einer Mineralisation zu tun haben, deren Erklärung, besonders in bezug auf Alter und Vererzungsquelle, bisher ähnliche Schwierigkeiten bereitet wie die Erklärung der vollkommen analogen Vererzung der Ostalpen, von deren Analyse SCHNEIDERHÖHN bei der Aufstellung seiner Theorie im wesentlichen ausging.

Die allgemeine Anwendung dieser Theorie auf die Karpatenregion (SCHNEIDERHÖHN 1952, 1953) wurde bisher außer einigen Bemerkungen österreichischer Geologen nicht eingehender kritisch analysiert. Ich will daher in diesem kurzen Beitrag wenigstens einige wesentlichere Probleme behandeln, die mit der Anwendung auf die konkreten Verhältnisse der Westkarpaten zusammenhängen.

SCHNEIDERHÖHN (1952) unterscheidet bei den regenerierten Quasikratonen (im Sinne STILLEs) zwei Fälle:

a) Vorherrschend sind tektonische Prozesse. Der synorogene Plutonismus äußerte sich nur im unbedeutenden Maße, der subsequente Magmatismus fehlt fast vollkommen. (Beispiel: West- und Ostalpen).

b) Im jungen Orogen machten sich der synorogene Plutonismus und der subsequente Vulkanismus sehr intensiv geltend. (Beispiel: Karpaten, Balkaniden, Anden u. a.).

Die Westkarpaten kann man genaugenommen weder zum einen noch zum anderen Typus rechnen. Sie nehmen eine Übergangsstellung ein, wobei sie sich jedoch eher dem Typ b) nähern. Im alpinen Orogen, das das variStische Quasikraton regenerierte, machte sich gemäß den heutigen Oberflächenverhältnissen der syn-, respektive serorogene Vulkanismus nur untergeordnet geltend, während der subsequente Vulkanismus dagegen sehr intensiv war. Die Existenz des syn-, resp. serorogenen alpinen Plutonismus war in den Westkarpaten bisher strittig. Ein Teil der Geologen hielt die kleinen Granitmassivchen des Zips-Gömörer Erzgebirges für seine möglichen Representanten, während andere sie bis heute als spätvaristisch betrachten. Ihr alpidisches Alter (ungefähr oberkretazisch) wurde jedoch auch durch geochronologische Methoden (Ar^{40}/K^{40}) bewiesen (KANTOR 1957).

Der subsequente Vulkanismus ist auf der inneren Seite des Karpatenbogens durch die Komplexe des Slowakischen Mittelgebirges, der Gebirge Novohradské vrchy, Cserhàt, Màtra, Bükk und der Tokaj-Prešover Berge vertreten und setzt sich im Südosten über Vihorlat und das Gebirge Gutinské hory nach Rumänien fort. Dieser überwiegend andesitische Vulkanismus wird lokal von kleinen hypoabyssalen Intrusionen begleitet, die zumeist dioritischen Charakter haben.

Die Entwicklungsgebiete dieser beiden verschiedenen Äußerungen des alpidischen Magmatismus sind zugleich auch zwei bedeutende, charakteristische metallogenetische Regionen. In der Entwicklungsregion des gemeriden Granits, jedoch in viel größerem Raum, als seine kleinen Massive auftreten, ist die Vererzung derjenigen der Ostalpen vollkommen analog: metasomatische Magnesitlagerstätten, metasomatische Sideritlagerstätten und solche mit Gangcharakter, begleitet von jüngeren Mineralisationsperioden (quarzsulfidische, hauptsächlich Sulfide von Cu, Fe, Sb, seltener Pb, Zn, Ni, Co, Bi, Hg u. a.). Im Entwicklungsgebiet des subsequenten Vulkanismus sind typische subvulkanische Lagerstätten von Edelmetallen oder Lagerstätten polymetallischen Charakters (Pb, Zn, Ag, Au, Cu, $\pm$ Sb), die direkt in den Andesiten bzw. den Daziten, Dioriten und ähnlichen auftreten.

Obwohl der selbständige Charakter dieser zwei Typen auf den ersten Blick sichtbar ist, wurden sie doch durch einige Autoren entweder teilweise oder ganz zu einer einzigen Gruppe verbunden. So verband z. B. auch in früherer Zeit A. KOCH (1904) die Sideritformation mit dem tertiären Vulkanismus. G. BERG (1927) leitete nur einen Teil, d. h. die jüngeren, sulfidischen Rejuvenationsperioden der Sideritformation, vom tertiären Vulkanismus ab. In neuester Zeit verbindet auch W. PETRASCHECK (1953) in seiner Übersicht „der metallogenetischen Provinz Südosteuropas" diese beiden Provinzen zu einer einzigen Einheit, dem sogenannten slowakischen Bezirk, und zwar auf Grund sehr unzureichender gemeinsamer Merkmale, z. B. der Anwesenheit von Sb und Au in beiden Formationen. Dies führt ihn auch zur Erwägung der Möglichkeit eines miozänen Alters der Vererzung des Zips-Gömörer Erzgebirges und der gemeriden Granite, die dann einen „interzedenten" Plutonismus repräsentieren würden, den der subsequente Vulkanismus begleitet. Eine solche Folgerung steht jedoch in starkem Widerspruch zur Wirklichkeit.

Bei den Versuchen einer Analyse der Metallogenese des Zips-Gömörer Erzgebirges stieß man besonders bei der Lösung der Hauptprobleme — des Alters und der Quelle der Vererzung — auf große Schwierigkeiten. Die Altersangabe der Vererzung schwankte bei zahlreichen Autoren, die seit Ende des vorigen Jahrhunderts diese Frage behandelten, vom Unterkarbon bis zum Miozän. Auch heute noch herrscht in dieser Frage keine Einheitlichkeit. Die meisten im Zips-Gömörer Erzgebirge arbeitenden Forscher betrachten die Vererzung für neoid, mittel- bis oberkretazisch (MÁŠKA, VARČEK, IVANOV, J. KAMENICKY u. a.). Eine kleinere Gruppe (ILAVSKÝ u. a.). vertritt dagegen die Ansicht eines varistischen Alters der Vererzung, wobei sie voraussetzten, daß die Vererzung in zahlreichen Etappen, vom mittleren Karbon bis zur Trias, verlief. Die erstere Ansicht, deren Grundlage von BÖCKH (1905) stammt und deren tiefere Begründung ZOUBEK (1937), SCHÖNENBERG (1947) und zahlreiche andere Autoren brachten, ist jedoch zweifellos die richtigere. Die Ansicht, die Vererzung könne ins Miozän gestellt werden (KORDIUK 1941, PETRASCHECK 1953), ist durchaus unbegründet.

Bei der Suche nach der magmatischen Vererzungsquelle wurden durch die verschiedenen Forscher nach und nach fast alle hier vorkommenden magmatischen Gesteine, wie basische Gesteine des Paläozoikums (Gabbro, Diorit, Diabase), varistische Granite, permische Porphyre, alpidische Granite, ja sogar tertiärer, andesitischer Vulkanismus, in Erwägung gezogen.

Außer der magmatischen Quelle suchte man auch nach anderem Ursprung der Vererzung. Ähnlich wie in den Ostalpen CLAR, FRIEDRICH und ANGEL, so versuchte auch in den zentralen Westkarpaten ZOUBEK (1937), zumindest einen beträchtlichen Teil der Mineralisation von regionalmetamorphen Prozessen abzuleiten, die durch die karpatische Faltung hervorgerufen wurden. Trotzdem kann man jedoch gewisse, ziemlich enge Beziehungen besonders der jüngeren Vererzungsperioden zum Magmatismus der gemeriden Granite (KORDIUK, SCHÖNENBERG, VARČEK, J. u. L. KAMENICKÝ, ILAVSKÝ u. a.) nicht außer acht lassen.

Wie man aus dieser kurzen Übersicht ersehen kann, herrscht hier eine ähnliche Situation wie in den Ostalpen. SCHNEIDERHÖHN sucht den Ausweg aus dieser Sackgasse in der Vorstellung einer alpidischen Regeneration der varistischen Lagerstätten, die er sowohl auf die Alpen als auch auf die Karpaten und andere alpidische Gebiete bezieht.

Bevor wir auf irgendwelche Einzelheiten eingehen, ist es nötig, zu der Grundthese SCHNEIDERHÖHNs Stellung zu nehmen, die die Grundlage seiner Ansichten über die Verbreitung der regenerierten Lagerstätten bildet, nämlich der These über den sterilen Charakter des alpidischen Magmatismus in metallogenetischer Hinsicht. Die Begründung dieser These wurzelt in derart hypothetischen, von der Wirklichkeit und der exakten Erforschung der geologischen Prozesse losgelösten Vorstellungen, daß sie selbst auf den ersten Blick wenig Vertrauen in die Solidität dieser Theorie gewährt.

Der hypothetische Charakter der Vorstellung, daß die varistische Orogenese die letzten Reste des juvenilen sialischen Magmas mit absolut und relativ homogener Zusammensetzung und Metallinhalt „konsumiert" hätte, so daß für die jüngeren Orogenesen nichts mehr übrigblieb, bedarf keines weiteren Beweises. Die Behauptung eines solchen wesentlichen Unterschiedes zwischen der varistischen und der alpidischen Orogenese stützt sich keineswegs auf konkrete Tatsachen, die aus der Analyse der geologischen Entwicklung der Erde hervorgehen würden.

Die zweite, sehr ernste Frage ist das Problem der Metallführung bzw. der Sterilität des Magmatismus der jungen Orogene im allgemeinen und der palingenen Magmen im besonderen. Die absolute Unfähigkeit dieser Magmen, primäre erzliefernde mineralische Konzentrationen zu bilden, kann nicht als bewiesen betrachtet werden. Daß bei der Metallogenese der jungen alpidischen Orogene lediglich sterile Magmen und Tiefenthermen beteiligt gewesen sein sollen, ist sehr fraglich. Offenbar ist die Metallogenese auch hier, ebenso wie bei der varistischen Orogenese, das Ergebnis der verwickelten Prozesse eines engen Zusammenwirkens und Zusammenhanges der magmatischen Vorgänge im weiteren Sinne des Wortes mit dem geologischen Milieu. Wir können also die varistische Metallogenese nicht als rein juvenil und die alpidische nicht als rein regeneriert betrachten. Sowohl bei dieser wie bei jener handelt es sich um juvenile magmatische Stoffzufuhr mit gleichzeitigem Beitrag anderer Quellen (metamorphe Prozesse, Einwirkung der Nebengesteine, nicht juvenile Wässer u. a.) zum entsprechenden Charakter der Metallogenese. Unterschiede können hier nur in dem verschiedenen Verhältnis des Auftretens der einzelnen Quellen bestehen, sei es im allgemeinen oder im regionalen Sinne.

Vom methodischen Standpunkt aus ist es sicher richtiger, an die Analyse der Metallogenese einer bestimmten Region mit der Vorstellung heranzutreten, daß alle Magmen, auch die palingenen, ohne Rücksicht auf ihr Alter, potentiell erzführend sind. Alle Magmen haben einen gewissen Fonds an Erzelementen, von dem sich unter günstigen Umständen ein Teil abtrennen und Konzentrationen bilden kann. Diese günstigen Bedingungen werden nicht nur durch das geologische Alter beeinflußt, sondern durch die Gesamtheit aller übrigen geologischen Faktoren.

In den Karpaten gibt es zumeist Anzeichen eines solchen Magmatismus, welchem die junge Vererzung entsprechen kann. So sind z. B. die subvulkanischen Lagerstätten an der inneren Seite des Karpatenbogens an den subsequenten Vulkanismus gebunden, die Vererzung des Zips-Gömörer Erzgebirges weist Beziehungen zum Magmatismus der gemeriden Granite auf; die kontakt-metasomatischen Lagerstätten des Banats hängen mit den dortigen Granitintrusionen zusammen usw. Nach SCHNEIDERHÖHNs Theorie wären diese Beziehungen nur scheinbar, nicht genetisch. Die angeführten Vererzungen wären dann nur nachkopierte, varistische Vererzungen. Eine solche Erklärung erscheint jedoch sehr unwahrscheinlich. Es gibt überhaupt keine glaubwürdigen Gründe dafür, daß z. B. die angeführten kontakt-metasomatischen Lagerstätten des Banats als regenerierte varistische Lagerstätten zu betrachten wären, nur deswegen, weil man eine Hypothese über die Sterilität des alpidischen Magmas aufgestellt hat. Desgleichen gibt es keine Gründe für die Annahme eines regenerierten Charakters der subvulkanischen Lagerstätten der Slowakei, Ungarns und Rumäniens. Wir beobachten hier nämlich nicht nur enge geologische, zeitliche und räumliche Beziehungen zum tertiären Vulkanismus, sondern sogar auch petrochemische und geochemische Beziehungen. So besteht z. B. in den vulkanogenen Regionen der Slowakei eine ziemlich auffällige Verknüpfung bestimmter Erzgruppen mit bestimmten Typen der Vulkanite. Die Au-Formation inkliniert zu saueren Differenziaten, die polymetallische zu intermediären; mit den Dioriten wieder assoziiert sich stellenweise eine Fe-Mineralisation. All dies brauchte man jedoch noch nicht als genügendes Argument gegen den regenerierten Charakter dieser Lagerstätten zu betrachten. Wir wollen aber dieses Problem noch von einer anderen Seite betrachten. Zwischen den einzelnen subvulkanischen, metallogenetischen Regionen der Karpaten, wie auch anderer analoger Gebiete der Welt, herrscht oft eine wunderbare Analogie im Charakter des Vulkanismus, und Hand in Hand mit dieser geht die Analogie im Charakter der Mineralisation. Welche Deduktion ist hier natürlicher: diejenige, daß es sich um gesetzmäßige, genetische Beziehungen der Vererzung zum Magmatismus handelt, oder die, daß unter diesen Regionen merkwürdigerweise vollkommen analoge Regionen der varistischen Metallogenese vorkamen, obwohl das gar nicht aus der geologischen Situation hervorgeht?

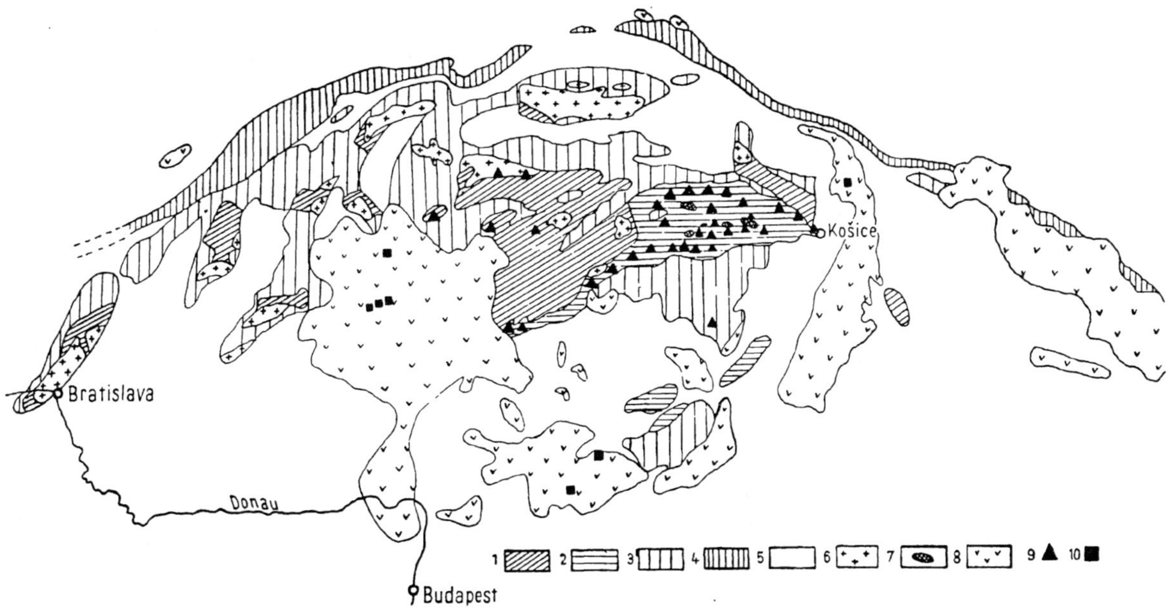

Die Lagerstättenregionen der Westkarpaten

1 – Kristallin der Tatroveporiden,
2 – Kristallin der Gemeriden,
3 – Mesozoikum der zentralen Westkarpaten,
4 – Mesozoikum der Klippenzone,
5 – Tertiär und Quartär,
6 – Granitmassive der Tatroveporiden,
7 – Massivchen des Gemerid-Granites,
8 – Tertiäre Vulkanite,
9 – Lagerstätten vom Zips-Gömörer Typus,
10 – Lagerstätten vom subvulkanischen Typus

Viel weniger klar ist in dieser Hinsicht die Problematik der Metallogenese des Zips-Gömörer Erzgebirges. Wie oben bereits angeführt wurde, beobachten wir nähere Beziehungen zu den gemeriden Graniten nur bei den jüngeren quarzsulfidischen „Rejuvenations"perioden. Die metasomatischen Lagerstätten der kristallinen Magnesite und die Sideritmineralisation weisen zu diesen bekannten kleinen Granitmassiven gar keine näheren Beziehungen auf. Während die Frage des Ursprunges der Magnesiumlösungen bisher nicht verläßlich gelöst ist (es dürften sich hier überwiegend metamorphe Prozesse geltend gemacht haben), spielten meiner Ansicht nach bei der Sideritmineralisation die magmatischen Prozesse bereits eine wichtige Rolle, deren konkrete Form uns jedoch unbekannt ist. Das wahrscheinlichste Schema der Genese dieser Mineralisation liegt in der Vorstellung, daß während der Hauptphasen der alpidischen Faltung der zentralen Westkarpaten in ihren Wurzelzonen abyssische magmatische Prozesse verliefen, die eine ausgedehnte apomagmatische Sideritmineralisation hervorriefen. Dann kam es zu nachträglichem Austritt kleiner Intrusionen eines saueren, an Mineralisatoren reichen Magmas ins hypoabyssale Niveau (die bekannten kleinen Massive der gemeriden Granite), die die jüngeren „Rejuvenations"perioden der Mineralisation bedingten und beeinflußten. Der alpidische Plutonismus spielte sich also hier wenigstens in zwei Akten ab, was mit dem Charakter und der Aufeinanderfolge der hauptparagenetischen Assoziationen in guter Übereinstimmung steht. Zeitlich fallen alle diese Prozesse zwischen die mittlere Kreide und den Beginn des Paläogens. Was die Existenz des hypothetischen abyssischen alpidischen Magmatismus betrifft, wird diese von mehreren Autoren für wahrscheinlich gehalten. Seine maximale räumliche Verbreitung in der Tiefe kann man vielleicht im Westen, Süden und Osten durch die Verbindungslinie der Zentren des jungvulkanischen Kranzes des Kremnicko-Štiavnické rudohorie (= Kremnitz-Schemnitzer Erzgebirge) — Novohrader Gebirge — Cserhát — Mátra — Bükk — Tokaj-Prešover Berge begrenzen, der wahrscheinlich diesen kompakten, nicht zertrümmerten Körper umschließt. Dies dürfte die Ursache sein, warum dieser Kranz gerade eine entgegengesetzte Orientierung hat, als man nach der allgemeinen Position des neogenen Vulkanismus an der Grenzlinie des aufgefalteten Karpatenbogens und des schwach gefalteten Zwischengebirges erwarten würde. Im Einklang mit dieser Vorstellung beobachten wir, daß die der Sideritbildung entsprechende Mineralisation gerade auf der oben umgrenzten Fläche verbreitet ist, d. h. im Inneren dieses Kranzes (s. obige Abb.).

Zum Abschluß dieser Frage wäre zu betonen, daß SCHNEIDERHÖHN keine objektiven Kriterien für die klare Unterscheidung der Beziehungen zwischen dem alpidischen Magmatismus und seiner Gruppe 2b der regenerierten Lagerstätten, hinsichtlich der wirklichen genetischen Beziehungen der Vererzung zum Magmatismus bringt. Er weist im Gegenteil selbst darauf hin, daß zwischen diesen Beziehungen sehr enge Analogien bestehen. SCHNEIDERHÖHN begeht hier den Fehler einer unzulässigen Schematisierung, wenn er behauptet, daß die wahre juvenile Mineralisation immer dem Schema der Zonalität nach EMMONS entsprechen müsse und die Abweichungen von diesem (z. B. die Eigenart der paragenetischen Verhältnisse bestimmter metallogenetischer Provinzen, sei es infolge Einförmigkeit oder durch allzu starke Mannigfaltigkeit) von einem regenerierten Charakter der Vererzung zeugen. Dieses Festhalten an und Basieren auf Ansichten, deren Unhaltbarkeit schon längst augenscheinlich ist, führt SCHNEIDERHÖHN zu einer Unterschätzung des Einflusses des geologischen Milieus auf den Charakter der Metallogenese und zu einer Auffassung der juvenilen Metallogenese als „Ding an sich", das sich immer nach dem mechanistischen Schema von EMMONS entwickelt, nicht aber nach den konkreten, geologischen Gegebenheiten. Nur so konnte SCHNEIDERHÖHN die Zonalität nach EMMONS als Hauptmerkmal der juvenilen Vererzung bezeichnen und ferner die These aufstellen, daß die juvenile Vererzung an den verschiedensten Stellen der Erdkugel stets die gleichen isogenetischen Bewegungen mit den gleichen Metallen und der gleichen zeitlichen Sukzession der Paragenesen aufweist.

Was die unterscheidenden Kriterien der einzelnen Gruppen der regenerierten Lagerstätten betrifft, ist es nötig anzuführen, daß diese eingehender und konkreter nur für die Gruppe der epirogenen regenerierten Lagerstätten (sekundär-hydrothermale Lagerstätten) formuliert sind, während sie bei den übrigen unklar und nicht eindeutig erscheinen.

Die Vererzung der Sideritformation in den Westkarpaten ist nach den heute bekannten Tatsachen jungalpidisch. Sie müßte also im Ganzen regeneriert sein. Das stimmt jedoch weder mit ihrer geologischen Position überein (sie tritt überwiegend in älteren Serien auf, ja sogar in varistischen Graniten), noch mit dem mineralogischen und geologischen Charakter. Auch wenn diese Mineralisation scheinbar durch eine gewisse Einförmigkeit gekennzeichnet ist, erweist sie sich bei detaillierter Forschung doch als ziemlich mannigfaltig. Außerdem ist sie durch eine ziemliche Anzahl an Mineralien mit kompliziertem Chemismus und weitem Isomorphismus gekennzeichnet, z. B. Tetraedrit, die Sulfoarsenide des Ni-Co, die Sulfosalze des Pb, Sb, Cu, Bi. Die auftretenden Sphalerite sind oft reich an Fe. Wir beobachten sowohl bei ihnen als auch an anderen Mineralen Entmischungsstrukturen, Zerfallsstrukturen ihrer Lösungen und ähnliches. Es ist augenscheinlich, daß sich bei der Relokalisation der Erze die Tendenz zur Vereinfachung und Reinigung des Chemismus der Lösungen geltend gemacht hat. Von diesem Gesichtspunkte aus gesehen, könnten einige kleine Vererzungsvorkommen den Charakter regenerierter Lagerstätten haben, die bis ins Mesozoikum reichen und durch eine ziemliche Einfachheit der paragenetischen Assoziationen gekennzeichnet sind, worauf z. B. J. ILAVSKÝ (1957) hinweist. Freilich müßten wir in diesem Falle die überwiegende Mehrzahl der Lagerstätten der Sideritformation für varistisch betrachten, was – wie bereits angeführt wurde – sehr unwahrscheinlich ist. Außerdem sei hier erwähnt, daß wir im Zips-Gömörer Erzgebirge gar keine Anzeichen einer typischen varistischen, juvenilen Metallogenese haben, die der idealen Vorstellung SCHNEIDERHÖHNs entsprechen würde. Ebenfalls kennen wir hier kein Auftreten eines solchen varistischen Plutonismus, der uns die Existenz dieser Mineralisation erklären würde. Im Gegenteil, dort, wo wir so einen Magmatismus haben (varistische granitoide Plutone der Kerngebirge), ist die Mineralisation nur sehr schwach, anderen Charakters, eventuell fehlt sie ganz.

Zum Abschluß will ich einige allgemeine Bemerkungen zu SCHNEIDERHÖHNs Theorie kurz zusammenfassen:

1. Die schroffe Zurückweisung der Ansicht über die Erzführung aus juvenilem Magmatismus auch bei den jungen Orogenesen entspricht nicht der Wirklichkeit. Es scheint, daß am Ende SCHNEIDERHÖHN selbst, wenn auch nur vorsichtig, diese Hauptthese seiner Theorie aufgibt (1953), indem er den Einwendungen von CLAR und PETRASCHECK zustimmt, daß man nämlich bei der ostalpinen Metallogenese die juvenilen Vererzungsquellen nicht völlig ausschließen kann. Um so weniger kann eine solche Zufuhr in den Regionen der Karpaten ausgeschlossen sein, wo sich der alpidische Magmatismus ausdrucksvoll geltend machte.

2. Umgekehrt wieder überschätzt SCHNEIDERHÖHN die magmatische Reinheit der varistischen Vererzung, indem er überhaupt keine anderen Möglichkeiten der Einwirkungen des geologischen Milieus zur Mineralisation in Erwägung zieht.

3. Nicht richtig ist ferner die starke Unterschätzung oder vollkommene Ignorierung anderer möglicher Stoffquellen für die regenerierten Lagerstätten außer den juvenilen varistischen Lagerstätten (z. B. den sedimentären Lagerstätten), worauf schon M. M. KONSTANTINOV (1953) hingewiesen hat.

4. SCHNEIDERHÖHN generalisiert die Gültigkeit seiner Theorie für alle „regenerierten Orogene", ohne irgendwelche Rücksicht auf die Verschiedenheit der geologisch-tektonischen Verhältnisse der konkreten Regionen zu nehmen.

5. Die Kriterien für die Einteilung der Lagerstätten in die einzelnen Gruppen seiner Klassifikation sind in seiner Arbeit nicht genügend eingehend und objektiv verarbeitet.

6. Die physikalisch-chemischen Bedingungen der Remobilisation und Relokalisation der Erze wurden von SCHNEIDERHÖHN nicht eingehend geprüft. Er nimmt die Erscheinung der Erzübertragung verschiedenen Charakters als etwas Selbstverständliches und zieht nicht in Betracht, daß viele Erztypen verhältnismäßig schwer in größere Entfernungen migrieren können wie z. B. auch P. RAMDOHR (1953) anführt.

Zum Schluß können wir sagen, daß sich die Veröffentlichung der SCHNEIDERHÖHNschen Theorie trotz ihrer Mängel günstig auf die Entwicklung der Lehre von den Erzlagerstätten auswirken kann, freilich nur im Falle eines kritischen Herantretens an sie. Das Wertvolle an den Ansichten SCHNEIDERHÖHNs ist, daß auch er, wenn auch in übertriebener Weise, deutlich darauf hinwies, daß man die Erzlagerstätten nicht als etwas Stabiles, Unveränderliches betrachten kann, was nach seiner Entstehung keinen Veränderungen unterliegt. Umbildungsprozesse der Erzlagerstätten, wie sie SCHNEIDERHÖHN erörtert, oder ihnen ähnliche, sind in der Natur durchaus möglich. SCHNEIDERHÖHN, wie bereits gesagt wurde, beging den Fehler einer starken Schematisierung und Generalisation. Er ging von einigen unbegründeten Voraussetzungen aus und gelangte zu Schlüssen, deren viele diskutabel sind. Aber sowohl die lebhafte Diskussion, die seine Arbeit in der geologischen Welt hervorrief, als auch die Neueinschätzung der Tatsachen und die Beglaubigung der Angemessenheit der bisherigen Ansichten über die Vererzung im allgemeinen oder in konkreten Lagerstättenregionen, wird sicher auf die Vertiefung der Erkenntnis über die Entstehung und das „Leben" der Erzlagerstätten eine günstige Wirkung haben.

Literatur

BERG, G.: Über den Begriff der Rejuvenation und seine Bedeutung für die Beurteilung von Mineralparagenesen. – Fortschr. d. Min., Krist. u. Petrogr. XII, Jena 1927.

BÖCKH, H.: Die geologischen Verhältnisse des Vashegy, des Hrádek und der Umgebung derselben. – Mitt. a. d. Jahrb. d. ung. geolog. Anstalt, Budapest, 1905.

ILAVSKY, J.: Geologie der Erzlagerstätten des Zips-Gömörer Erzgebirges. – Geol. práce, H. 46, Bratislava 1957.
KAMENICKY, J. – KAMENICKY, L.: Gemeride Granite und ihr Verhältnis zu der Vererzung im Zips-Gömörer Erzgebirge. – Geol. práce, H. 41, 1955.
KANTOR, J.: Ar^{40}/K^{40}-Methode zu absoluten Altersbestimmungen und das Alter des gemeriden Granites von Betliar, Zips-Gömorer Erzgebirge. – Geol. práce, Zprávy 11, Bratislava 1957.
KOCH, A.: Die geologischen Verhältnisse des Bergzuges von Rudabánya- – Geol. práce, Zprávy 11, Bratislava 1957. Szentandrás. – Mat. u. Naturw. Ber. a. Ungarn, XXII, 1904.
KONSTANTINOW, M. M.: Genetische Lagerstättengliederung auf geotektonischer Grundlage. – H. SCHNEIDERHÖHN. Isw. AN. SSSR, ser. geol. Nr. 2, 1953.
KORDIUK, B.: Junge Granite und Vererzung des slowakischen Erzgebirges. – Zentralbl. f. Min., Geol. u. Pal., Abt. B, 1941.
MAŠKA, M.: Über die vortertiäre Metallogenese der Westkarpaten, besonders des Zips-Gömörer Erzgebirges (Slowakei). – Geol. práce, H. 46, Bratislava 1957.
PETRASCHECK, W. E.: Magmätismus und Metallogenese in Südosteuropa. – Geol. Rundsch. Bd. 42, H. 1, Stuttgart 1953.
RAMDOHR, P.: Über Metamorphose und sekundäre Mobilisierung. – Geol. Rundsch. Bd. 42, H. 1, Stuttgart 1953.
SCHNEIDERHÖHN, H.: Genetische Lagerstättengliederung auf geotektonischer Grundlage. – Neues Jahrb. Min., Mh., H. 2–3, 1952.
– Fortschritte in der Erkenntnis sekundär-hydrothermaler und regenerierter Lagerstätten. – Neues Jahrb. Min., Mh., H. 9/10, 1953.
SCHÖNENBERG, R.: Plutonismus und Metallisation in der Zipser Zone (Karpaten). – Ztschr. d. Deut. Geol. Ges., 99, 1947.
VARČEK, C.: Beitrag zur Erforschung der metallogenetischen Verhältnisse im Südteil des Zips-Gömörer Erzgebirges. – Geol. sbornik SAV VII, Nr. 1/2, Bratislava 1956.
– Übersicht der paragenetischen Verhältnisse der Erzlagerstätten in Gömör. – Geol. práce, H. 46, Bratislava 1957.
ZOUBEK, V.: Zwei Erzfunde im Mesozoikum der Dumbier-Zone. – Věstník SGU ČSR, XIII, Nr. 4–5, Praha 1937.

Einige Bemerkungen zur Entstehung der Thüringer saxonischen Lagerstätten

HERBERT REH, Jena

Die von H. SCHNEIDERHÖHN (1952) in seiner Lagerstättengliederung auf geotektonischer Grundlage aufgestellte Gruppe der epirogenetisch-regenerierten oder sekundär-hydrothermalen Lagerstätten umfaßt neben den saxonischen Schwerspat- und Flußspatgängen im Nordschwarzwald, im Odenwald und Spessart, in der südlichen Rhön und im Richelsdorfer Gebirge auch die Lagerstätten des Thüringer Waldes. Diese treten vor allem auf Spaltenzonen auf, die meistens als Fiederklüfte der Randstörungen des Thüringer Waldes zu deuten sind.

Bei der weiteren Erkundung und beim Abbau der Thüringer Lagerstätten in den vergangenen 10 Jahren ergab sich Gelegenheit zu eingehenden Untersuchungen. Abgesehen von weiteren geologischen Beobachtungen bei der Durchführung der Erkundungsarbeiten und im Abbau wurden im Rahmen von Diplom- und Doktorarbeiten neue Erkenntnisse über die mineralogisch-geochemischen und geologisch-tektonischen Verhältnisse der Eisenmanganerz-, Schwerspat- und Flußspatlagerstätten Thüringens gewonnen. Konnten sich die zusammenfassenden Arbeiten von W. GIMM (1947) und A. POLLAK (1948) nur auf die bis zu diesem Zeitpunkt bekannten Tatsachen stützen, so brachten die folgenden Jahre eine Reihe von Einzeluntersuchungen in den neuen bergmännischen Aufschlüssen. Mit lagerstättengeologisch-tektonischen Problemen im Schmalkaldener Revier beschäftigten sich Arbeiten von CHR. ENGELS (1956), G. PRATZKA (1956) und R. SCHÜRER (1956), während H. ULBRICH (1957) und C.-D. WERNER (1958) sich mit lagerstättenkundlich-geochemischen Untersuchungen befaßten. Eine allgemeine geochemisch-lagerstättenkundliche Bearbeitung der Flußspatvorkommen des Thüringer Waldes wurde von J. RENTZSCH (1956) vorgelegt, während O. LEEDER (1957) die Schwerspatgänge von Könitz und H. SCHEFFLER (1957) die metasomatisch vererzten Zechsteinkalke von Kamsdorf untersuchten. Die tektonischen und paragenetischen Fragen der „Rücken" bearbeiteten E. KAUTZSCH (1953) in der Mansfelder und Sangerhäuser Mulde und E. MESSER (1955) im Richelsdorfer Gebirge. Für die genetischen Folgerungen sind die von W. CARLÉ (1954) aus dem Fränkischen Stufenland und von H. REH (1954) aus dem Gebiet von Bad Liebenstein mitgeteilten Beobachtungen von Bedeutung. Wertvolle Hinweise für benachbarte Gebiete bringen noch Arbeiten von H. SCHNEIDERHÖHN (1949), J. BARTZ (1950), W. SCHRIEL (1952) und H. MURAWSKI (1954 und 1956).

Mit der Genese der auf den Randspalten des Thüringer Waldes auftretenden saxonischen Lagerstätten beschäftigte sich O. OELSNER (1956) eingehend. Nach kritischer Untersuchung der bisher zur Entstehung dieser bemerkenswerten Lagerstätten aufgestellten Hypothesen kam er zu der Ansicht, daß sich die saxonischen Lagerstätten am besten aus Restlösungen hybridisierter simatischer Magmen ableiten lassen, die im Gefolge des Tertiär-Vulkanismus durch Aufnahme von Sedimentmaterial entstanden sind.

Früher waren über die Entstehung der thüringischen oder ähnlichen Lagerstätten folgende Ansichten geäußert worden:

1. K. HUMMEL (1927) und A. MOOS (1931) nahmen an, daß die Eisen- und Manganerzlagerstätten im Odenwald und Spessart durch CO_2-reiche Thermen im Gefolge des Basaltvulkanismus entstanden. Da auf diesen Lagerstätten neben Eisen und Mangan noch Schwerspat und Flußspat in größeren Mengen vorkommen und Ba und F ausgesprochen sialische Elemente sind, ist deren direkte Ableitung aus dem basaltischen Magma abzulehnen.

2. A. W. STAUB (1929), W. GIMM (1947) und A. POLLAK (1948) vertraten die Auffassung, daß die thüringischen Schwerspat- und Flußspatvorkommen einem variscischen Pluton entstammen. Nach Berechnungen der Erstarrungszeit eines größeren Plutons durch O. OELSNER (1956) erscheint es unwahrscheinlich, daß ein Pluton mehr als 5 Millionen Jahre zur Verfestigung benötigt. Demnach lassen sich die größtenteils wahrscheinlich alttertiär gebildeten Schwerspat- und Flußspatgänge Thüringens keinesfalls auf ein variscisches Restmagma beziehen.

3. Eine Entstehung durch descendente Lösungen im Sinne W. von ENGELHARDTs (1936) erscheint aus verschiedenen Gründen unmöglich. Besonders sprechen der primäre Teufenunterschied von Schwerspat und Flußspat, das Auftreten verschiedener Generationen dieser Minerale und die auffällige Erscheinung eines Stauhorizontes unter den Bröckelschiefern des Unteren Buntsandsteins gegen diese Möglichkeit. Eine Auslaugung des an Kluftzonen angrenzenden Nebengesteins durch ascendente Lösungen kann nach einer Berechnung von O. OELSNER (1956), in der eine Eindringtiefe von 25 cm an jedem Salband angenommen wurde, nicht die benötigten $BaSO_4$-Mengen erbringen. Die Feststellung, daß sich theoretisch dreimal mehr Fluorit als Baryt ergeben müßte, ist bemerkenswert. Wenn dies mit unseren Beobachtungen in Widerspruch zu stehen scheint, so ist jedoch zu bedenken, daß für die Gehalte an Barium und Fluor keine örtlich festgestellten Werte verfügbar waren und naturgemäß der oberflächennah abgeschiedene Schwerspat häufiger aufgeschlossen ist als der Flußspat des tieferen Stockwerks. Über die Tiefenerstreckung des Flußspatstockwerks fehlen noch genaue Vorstellungen. In einigen gut erkundeten Lagerstätten konnte eine sehr schnelle Zunahme des Fluorits nach der Tiefe zu beobachtet werden, so daß aus reinen Schwerspatgängen über Flußspat-Schwerspatgänge sehr bald reine Flußspatgänge hervorgehen.

4. Mit seiner Hypothese der sekundär-hydrothermalen Genese hat H. SCHNEIDERHÖHN (1949, 1952 und 1953) das Auftreten jüngerer Vererzungen dort erklärt, wo das Vorkommen einer älteren Mineralisation wahrscheinlich ist, für die jüngere jedoch ein zugehöriger saurer Pluton fehlt. Durch jüngere tektonische Bewegungen wurden die alten tektonischen Störungszonen mit ihren möglichen Vererzungen wieder aufgerissen und gewissermaßen in das Deckgebirge durchgepaust. Sterile Thermen lösten und verfrachteten einen Teil des Lagerstätteninhalts der älteren Vererzung in der Tiefe und setzten ihn in höheren Stockwerken wieder ab. Auch für die thüringischen saxonischen Lagerstätten wird von H. SCHNEIDERHÖHN diese Erklärungsmöglichkeit angenommen.

O. OELSNER (1956) begründet seine Bedenken gegen diese Hypothese einmal mit der Unwahrscheinlichkeit des Wiederaufreißens der variscischen Störungen, da die saxonischen Vererzungen auf jung angelegten Fiederspalten zu den möglicherweise schon variscisch vorgezeichneten Randspalten des Thüringer Waldes auftreten, zum anderen mit der Tatsache, daß einige Gänge im Kristallin aufsitzen, somit von einer Verfrachtung in ein höheres Stockwerk nicht gesprochen werden könne.

C.-D. WERNER (1958) weist darauf hin, daß der $SrSO_4$-Gehalt, der in den Schwerspäten des Schmalkaldener Reviers 4—4,5% beträgt, theoretisch in älteren Schwerspäten noch höher sein müßte. Nach seinen Untersuchungen enthielten jedoch variscische Schwerspäte nur 1—3,5% $SrSO_4$. Daß man mit solchen Beziehungen rechnen muß, ergab sich aus Untersuchungen, die O. LEEDER (1957) an saxonischen Schwerspäten von Könitz anstellte. Er fand im Baryt I einen mittleren $SrSO_4$-Gehalt von knapp 9%, im Baryt II von 4%. In der 2. Generation war demnach ein geringeres Angebot an Strontium vorhanden. Interessant ist die Beobachtung, daß in beiden Generationen mit abnehmender Tiefe eine geringe Zunahme des $SrSO_4$-Gehalts erkennbar war. Mit abnehmender Tiefe muß demnach bei abnehmender Temperatur eine höhere Strontiumkonzentration eingetreten sein, was sich aus der höheren Löslichkeit des $SrSO_4$ gegenüber dem $BaSO_4$ erklärt.

Die von WERNER (1958) beobachtete Erscheinung, daß saxonischer Fluorit II, der etwa 10—70 g/t Sr enthält, rund eine Zehnerpotenz mehr Sr führt als der Fluorit I, wird mit den Konzentrationsverhältnissen von Ca^{++}, Ba^{++} und Sr^{++} erklärt. Zunächst überwogen Ca^{++}-Ionen; mit der Zunahme der Ba^{++}-Ionen erhöhte sich auch der Sr^{++}-Pegel, so daß später mehr Strontium zum Einbau in das Fluoritgitter zur Verfügung stand.

Auf Grund seiner eingehenden Untersuchungen kommt WERNER (1958) zu der Auffassung, daß insbesondere die Armut des Thüringer Waldes an variscischen Lagerstätten, die ungünstige Stellung der NW-streichenden saxonischen Lagerstätten zu der variscischen NO-Richtung und die Elementkombination gegen eine Regeneration variscischer Lagerstätten sprechen.

5. Da alle bisherigen Hypothesen zur Deutung der Genese der Thüringer saxonischen Lagerstätten nicht befriedigten, kam O. OELSNER (1956) zu der Überzeugung, daß Restlösungen hybridisierter simatischer Magmen die beste Erklärung für die Entstehung dieser besonderen Lagerstätten bieten. Zweifellos lassen sich durch die Aufnahme von Geosynklinalsedimenten Fe und Mn sowie Ba und F in genügenden Mengen mobilisieren, um die vorhandenen Lagerstätten zu erklären, jedoch scheint diese Hypothese zu weit auszuholen.

Wenn auch der Basaltvulkanismus vielfach keine rein simatischen Typen aufweist, somit Hybridisierung in größerem Umfang vermuten läßt, besteht doch noch eine andere Möglichkeit, die Herkunft der mineralisierenden Lösungen zu erklären.

6. K. HUMMEL (1927 u. 1930), A. MOOS (1931) und G. KNETSCH (1939) haben auf die Verbindung zwischen Vulkanismus, Kohlensäure und Erzlagerstätten im Rheinischen Gebirge hingewiesen. Unter Berücksichtigung der Gedankengänge von H. CLOOS (1939) lassen sich fast überall die Vulkangürtel des Rheinischen Schildes umgebende Kohlensäuregürtel feststellen, die durch Mofetten, kohlensäurehaltige Mineralquellen und in posthumen Salzen okkludierte Kohlensäure gekennzeichnet sind. Es ist bemerkenswert, daß die von H. SCHNEIDERHÖHN als sekundär-hydrothermal betrachteten saxonischen Lagerstätten im wesentlichen im Bereich oder in der Nachbarschaft dieser Kohlensäuregürtel auftreten. Weiterhin ist hier fast ausschließliches Gebundensein an das vom Rotliegenden bis zum Alttertiär reichende Deckgebirge charakteristisch.

Für die Altersstellung der saxonischen Barytgänge ist eine Beobachtung im Revier von Brückenau wichtig, wonach diese von einem obermiozänen Basalt durchsetzt, somit älter sind. Daraus ergibt sich ein vorobermiozänes Alter. J. BARTZ (1950) stellt auf Grund verschiedener Argumente die Bildung der Schwerspatgänge des Odenwaldes in das Tertiär.

Wenn man bedenkt, daß Kohlensäure beweglicher war als das basaltische Magma, kann man sich gut vorstellen, daß sie dem Magma weit vorauseilend in tektonischen Zerrüttungs- und Kluftzonen sich ausbreitete und in poröse Gesteine eindrang. Bei kuppelartigen Strukturen oder sonstigen „Fallen" unter abdichtenden Gesteinsfolgen konnte sie, ähnlich wie Erdgas, auch lange Zeiträume unter entsprechendem Druck gespeichert bleiben. Wo sie mit Grundwasser tiefer Stockwerke in Berührung kam, entstanden kohlensäurehaltige Lösungen, die bei entsprechender Temperatur und Druck geeignete Stoffe aus den Gesteinsfolgen aufnahmen. Aus den angeführten und regionaltektonischen Gründen erscheint eine Entstehung der saxonischen Lagerstätten im Tertiär sehr wahrscheinlich.

Derartige kohlensäurehaltige Lösungen können noch heute, wenn auch z. T. in durch Grundwasser höherer Stockwerke stark verwässerter Form, in den natürlichen oder erbohrten Mineralquellen beobachtet werden. Interessant ist dabei, daß einige dieser Quellen höhere Temperaturen (Baden-Baden 44° C, 62° C und 68° C, Wildbad 36° C) aufweisen, somit auf eine geringe geothermische Tiefenstufe oder einen tiefen Umkehrpunkt der vadosen Wässer, in besonderen Fällen auch auf juvenile Wässer hinweisen.

In der Bohrung 1927 des Thermalbades Colberg wurde nach G. FLIEGEL (1927 u. 1929) im Keuper bis 380 m Tiefe eine normale geothermische Tiefenstufe von 31,6 m/1° C beobachtet, im Muschelkalk von 380 bis 613 m dagegen eine solche von 16,6 m/1° C. Diese geringe geothermische Tiefenstufe deutet offenbar auf größere tiefreichende Spaltenzonen hin, auf denen die kohlensäureführende Kochsalztherme schnell aus dem Zechstein hochsteigen kann. Die mit der Bohrung in 613 m Tiefe angetroffene Therme zeigte am Ausfluß eine Temperatur von 36° C.

In den kohlensäureführenden Mineralquellen konnten neben den vorwiegend auftretenden Kationen Na, Ca, Mg u. K sowie den Anionen Cl, SO_4, HCO_3 und NO_3 sowie H_2 Si O_3 noch folgende charakteristischen Stoffe in wechselnden Mengen festgestellt werden, die teils aus den durchströmten Gesteinsverbänden, teils auch aus dem Nebengestein der Spaltenzonen, gegebenenfalls auch aus gangförmigen Lagerstätten entstammen werden:

Fe, Mn, Li, Sr, Ba; selten Cu, Pb, S, Sb, As, P, F, B, Br, J, Sn, Cs, Rb.

Je nach den Bahnen der Minerallösungen und den Löslichkeitsverhältnissen der durchströmten Gesteine ergeben sich verschiedene Konzentrationen der gelösten Stoffe. Es muß angenommen werden, daß zur Zeit des Basaltvulkanismus heiße kohlensäureführende Minerallösungen auf Spaltenzonen und in porösen Schichtenverbänden zirkulierten, dabei geeignete Stoffe lösten und unter entsprechenden Druck- und Temperaturbedingungen in höhergelegenen Spaltenzonen wieder absetzten. Dabei wurden unter Umständen erhebliche horizontale Entfernungen überbrückt.

Als Zuführungskanäle für die mineralisierenden Lösungen dienten im Bereich des Thüringer Waldes neben hercynischen auch rheinische Störungs- und Zerrüttungszonen. In geeigneten porösen und cavernösen Schichtenfolgen bewegten sich die Lösungen stellenweise auch flächenhaft. W. CARLÉ (1954) hat auf die vielfältigen Reaktionsmöglichkeiten der sich in verschiedenen Stockwerken bewegenden Lösungen hingewiesen. Kohlensäure und Wärme erhöhten die Lösungsbereitschaft, erzeugten die Bewegung und den Aufstieg. Änderung der Druck- und Temperaturbedingungen und Austauschreaktionen mit Gesteinen und anderen Lösungen führten zum Absatz der gelösten Stoffe in bestimmten Räumen.

Gegenüber H. SCHNEIDERHÖHN, der sich im wesentlichen eine Umlagerung bereits bestehender variscischer Lagerstätten und Verfrachtung in ein höheres Niveau vorstellt, möchte ich die Mineralrohstoffe größtenteils aus geeigneten porösen Schichtenfolgen des Vorlandes ableiten. Das sind Gedankengänge, die den von R. THIENHAUS (1941) und W. v. ENGELHARDT (1936) geäußerten nahekommen. Sie berücksichtigen in gebührender Weise die große regionale Verbreitung der untersuchten Lagerstättentypen und ihre Beschränkung auf die Kohlensäuregürtel um die Gebiete des tertiären Basaltvulkanismus. Wenn die Abgrenzung dieser Kohlensäuregürtel in einigen Gebieten noch unsicher ist, wie beispielsweise nördlich des Thüringer Waldes, besonders im Raum von Saalfeld, so wird sich doch wahrscheinlich bei genauerer Untersuchung aus dem Gebiet von Heldburg im Süden über das Gebiet von Bad Steben eine Verbindung mit dem Saalfelder Raum ergeben. Schließlich wird man auch die durch kohlensäurehaltige Lösungen gebildeten Lagerstätten zur Umgrenzung der Kohlensäuregürtel heranziehen müssen.

Als geeignete Schichtenfolge für die Ableitung des Eisens und Mangans erscheinen die Sedimente des Unter- und Oberrotliegenden, die sich aus mehr oder weniger rot gefärbten Konglomeraten, Sandsteinen und Schiefertonen aufbauen. Barium und Strontium könnten sowohl aus dem Rotliegenden als auch aus dem Buntsandstein hergeleitet werden. Im mittleren Buntsandstein treten Feldspatsandsteine in großer Verbreitung auf. Bei der Umwandlung des Feldspats, in dem Barium als Vertreter des Kaliums zugegen ist, zu Kaolin wird Barium neben Kalium frei. Dadurch ergibt sich eine Möglichkeit für die Ableitung von Barium in größeren Mengen. Kaolinsandsteine sind sowohl nördlich als auch südlich des Thüringer Waldes bekannt. In ähnlicher Weise können aber auch Arkosen sowie feldspatführende Sandsteine und Konglomerate des Rotliegenden bei der verbreiteten Kaolinisierung der Feldspäte Barium geliefert haben. Letzten Endes sind auch granitische Gesteine bei entsprechender Kaolinisierung der Feldspäte als Lieferanten des Bariums anzusehen, sofern die Feldspäte in nennenswerten Mengen Ba enthalten. Das würde das Auftreten von saxonischen Schwerspatgängen mitten im Granit erklären, wie z. B. auf der Grube Friedenstein bei Ruhla.

Leider liegen noch nicht genügend analytische Untersuchungen über die Gehalte an Fe, Mn, F, Ba und Sr in thüringischen Sedimenten vor, daß man regionale Beziehungen erkennen könnte. Lediglich bei der Untersuchung einer aus Konglomeraten, Arkosen, Sandsteinen und Schiefertonen aufgebauten Schichtenfolge des Rotliegenden bei Brattendorf zwischen Schleusingen und Eisfeld wurden im Mineralogischen Labor des Geologischen Dienstes Jena spektralanalytisch folgende stark schwankende Gehalte in % festgestellt:

	geringster Gehalt	höchster Gehalt	im Mittel
Fe	–	–	über 1
Mn	0,01	1	0,2
Ba	0,001	1	0,062
Sr	0,0003	0,03	0,007

Für die Deutung der manchmal hohen Gehalte an Ba ist wichtig, daß im Dünnschliff stellenweise gerundete Barytkörnchen festgestellt wurden. Neben dem im Feldspat enthaltenen Ba wird demnach stellenweise noch Schwerspat in den Sedimenten auftreten. Bemerkenswert ist die verhältnismäßig gute Übereinstimmung mit dem Mittelwert von 23 Buntsandsteinen, den W. v. ENGELHARDT (1936) mit 0,08% Ba erhalten hat.

Die von H. MÖNKE (1957) an Thüringer Graniten durchgeführten Untersuchungen ergaben für Ba Werte von 0,09 bis 0,15% und für Sr von 0,023%.

Über Gehalte an Fluor liegen an Sedimenten des Thüringer Raumes keine systematischen Untersuchungen vor. In Graniten des Ruhlaer Kristallins fand C.-D. WERNER (1953) 0,04% bis 0,15% F. Da Fluorit manchmal in feinen Drusenräumen in Porphyren des Thüringer Waldes zu beobachten ist, erscheint sein Vorkommen in Konglomeraten und Sandsteinen des Rotliegenden, die vorwiegend aus Porphyrmaterial bestehen, sehr wahrscheinlich, wobei sogar eine seifenartige Anreicherung in gewissen Lagen erwartet werden kann

Bei Lagerstätten auf oder in der Nähe der Randstörungen muß man mit einer Heranführung der kohlensäurehaltigen Lösungen aus dem Vorland rechnen. Der Einwand, daß die Randstörungen als Pressungsklüfte wasserundurchlässig und daher frei von Mineralisationen seien, ist nicht stichhaltig, da sie von zahlreichen Parallelstörungen und Zerrüttungszonen begleitet sind, die als Wander- und Aufstiegswege für Lösungen in Frage kamen. Diese tiefreichenden Störungszonen stehen mit rheinischen Kluftzonen in Verbindung, die als Zubringer der kohlensäurehaltigen Lösungen aus dem Vorland gewirkt haben.

Die Einwände, die O. OELSNER (1956) gegen die Vorstellung einer deszendenten oder aszendenten Lateralsekretion erhoben hat, sind unter den hier dargelegten Verhältnissen nicht zutreffend, da es sich nicht nur um eine Auslaugung von Spalten aus, sondern auch um eine Mobilisation in tiefen Grundwasserhorizonten handeln kann. Die Schichtenverbände sind zweifellos vorhanden, die man für eine Ableitung der in den Lagerstätten enthaltenen Mengen an Schwerspat und Flußspat benötigt.

Die hier kurz angedeutete Möglichkeit der Herkunft der in den saxonischen Lagerstätten enthaltenen Mineralrohstoffe geht über die Hypothese von H. SCHNEIDERHÖHN hinaus, indem nicht nur alte Lagerstätten als Rohstofflieferant in Betracht gezogen werden, sondern auch feinverteilte Spuren dieser Stoffe durch kohlensäurehaltige Lösungen aus geeigneten Schichtenverbänden herausgelöst und in Lagerstätten konzentriert werden. Sie unterscheidet sich von der Hypothese O. OELSNERs (1956) im wesentlichen dadurch, daß die Extraktion der mineralischen Stoffe nicht in größeren Tiefen über hybride Aufschmelzung vor sich ging, sondern im wesentlichen im Deckgebirge, untergeordnet auch in granitischen Gesteinen von tektonisch vorgezeichneten Zonen aus durch kohlensäurehaltige pseudohydrothermale Lösungen erfolgte. Lediglich die Kohlensäure und die Wärme wären aus dem hybridisierten Basaltmagma abzuleiten. Beide erhöhten die Lösungsbereitschaft und erzeugten die Bewegung und den Aufstieg der mineralisierenden Lösungen. Beim Absatz der gelösten Stoffe spielten Änderungen der pt-Bedingungen und Austauschreaktionen mit Gesteinen und anderen Lösungen eine Rolle. Auch Stauhorizonte bestimmten den Ort der Lagerstättenbildung mit.

Die hier vorgetragene Erklärungsmöglichkeit würde die Herkunft der in den saxonischen Lagerstätten des Thüringer Waldes enthaltenen Elemente besser erklären als die bisherigen Hypothesen. Sie bedarf noch eingehender geochemisch-lagerstättenkundlicher sowie regionalgeologisch-tektonischer Beobachtungen, um sie genügend zu sichern. Vor allem müssen die hydrogeologischen Verhältnisse der Mineralquellen noch besser untersucht werden.

Literatur

BARTZ, J.: Die Schwerspatvorkommen im südlichen Odenwald. — Notizbl. hess. L. A. Bodenf. VI. 1, 1950, S. 147–176.
CARLÉ, W.: Stockwerke und Wanderwege von Mineralwässern in Franken. — Z. DGG. 106, 1, 1954, S. 118–130.
CLOOS, H.: Hebung — Spaltung — Vulkanismus. — Geol. Rdsch. 30, 1913 S. 153–199.
ENGELHARDT, W. v.: Die Geochemie des Bariums. — Chem. d. Erde 10, 1936, S. 187–246.
ENGELS, CHR.: Beiträge zur Geologie des Gebietes zwischen Trusetal und Bad Liebenstein. — Dipl.-Arb. Jena 1956, Unveröff.
FLIEGEL, G.: Thermalbad Colberg bei Coburg; Schlußgutachten. — Berlin 12. 11. 1927. Akten G. D. Jena.
—: Der Thermalsolsprudel von Bad Kolberg in Thüringen. — Z. f. pr. G. 37, Halle 1929.
GIMM, W.: Die magmatischen Lagerstätten des Thüringer Waldes. — Diss. BA. Freiberg. 1947 Unveröff.
HUMMEL, K.: Über verschiedene Arten von Eisen-Manganerzlagerstätten in Deutschland. — Z. f. pr. G. 35, 1927, S. 17–22, 38–42.
—: Beziehungen der Mineralquellen Deutschlands zum jungen Vulkanismus. — Z. f. pr. G. 38, 1930, S. 1–8, 20–24.
KAUTZSCH, E.: Tektonik und Paragenesen der Rücken im Mansfelder und Sangerhäuser Kupferschiefer. — Geologie 2, 1953, S. 4–24.
KNETSCH, G.: Kohlensäure, Vulkane, Erzlagerstätten des Rheinischen Gebirges. — Geol. Rdsch. 30, 1939, S. 777–789.
LEEDER, O.: Geochemisch-paragenetische Untersuchungen an den Schwerspatgängen von Könitz. — Dipl. Arb., Halle 1957. Unveröff.
MESSER, E.: Kupferschiefer, Sanderz und Kobaltrücken im Richelsdorfer Gebirge. — Hess. Lagerst. Arch. 3, 1955.
MÖNKE, H.: Leitspurenelemente in variszischen und praevariszischen deutschen Graniten. Eine spektrochemische Analyse altersverschiedener Gesteine. — Diss. Min. Inst. Jena. 1957. Unveröff.
MOOS, A.: Zur Frage der tertiären telemagmatischen Erze in Mitteleuropa. — Z. f. pr. G. 39, 1931, S. 13–15.
MURAWSKI, H.: Bau und Genese von Schwerspatlagerstätten des Spessarts. — N. Jb. Geol. Mh. 1954, S. 145–163.
—: Die tertiären Basaltvorkommen der Umgebung von Göttingen. Wert und Ausmaß ihrer geologischen Aussage. — N. Jb. Geol. Mh. 1956, S. 1–31.
OELSNER, O.: Zur Frage der Entstehung der saxonischen Lagerstätten, speziell auf den Randspalten des Thüringer Waldes. — Geologie 5, 1956, S. 685–694.
POLLAK, A.: Beiträge zu einer Deutung der Metallogenese in Thüringen. — Arch. Lagerst. Forsch. 78, 1948.
PRATZKA, G.: Lagerstättengeologische Bearbeitung der Flußspat-Schwerspatlagerstätten in der Umgebung von Trusetal, Thüringen. — Dipl.-Arb. BA. Freiberg 1956. Unveröff.
REH, H.: Die Mineralquellen des Bades Liebenstein in Thüringen. — Geologie 3, 1954, S. 891–916.
RENTZSCH, J.: Untersuchung der Flußspatvorkommen des Thüringer Waldes. — Dipl.-Arb. BA. Freiberg 1956. Unveröff.
SCHEFFLER, H.: Geochemisch-paragenetische Untersuchungen an metasomatisch vererzten Zechsteinkalken von Kamsdorf in Thüringen. — Dipl.-Arb. Halle 1957. Unveröff.
SCHNEIDERHÖHN, H.: Schwerspatgänge und pseudomorphe Quarzgänge in Westdeutschland. — N. Jb. Min. Mh. 1949. S. 191–202.
—: Genetische Lagerstättengliederung auf geotektonischer Grundlage. — N. Jb. Min. Mh. 1951, S. 47–89.
—: Fortschritte in der Erkenntnis sekundär-hydrothermaler und regenerierter Lagerstätten. — N. Jb. Min. Mh. 1953. S. 223–237.
SCHRIEL, W.: Die genetischen Beziehungen der Erzparagenesen variszischen und tertiären Alters, erläutert an der Stellung des Bensberger und Ramsbecker Erzbezirkes zur Paffrather Kalkmulde und dem Massenkalksattel von Brilon nebst einem Vergleich mit anderen Gebieten. — N. Jb. Min. Mh. 1952, S. 239–253.
SCHÜRER, R.: Geologische Grubenkartierung der Eisenerzgrube Hermann Danz (Arminius und Klinge) und Beiträge zur Deutung der tektonischen Verhältnisse im Gebiet der Klinger Störung. — Dipl.-Arb. BA. Freiberg 1956. Unveröff.
STAUB, A. W.: Die Flußspatlagerstätten des Thüringer Waldes. — Z. prakt. Geol. 37, 1929, S. 49–55, 68–72.
THIENHAUS, R.: Die Schwerspatgänge des Richelsdorfer Gebirges. — Z. ang. Min. 3, 1941, S. 21–52.
ULBRICH, H.: Untersuchung des Eisenmanganerz-Schwerspatvorkommens von Schmalkalden. — Dipl.-Arb. BA. Freiberg 1957. Unveröff.
WERNER, C.-D.: Chemische Untersuchungen an Graniten des Ruhlaer Kristallins. — Dipl.-Arb. Halle 1953. Unveröff.
—: Geochemie und Paragenese der saxonischen Schwerspat-Flußspat-Gänge im Schmalkaldener Revier. — Freiberg. Forsch. H. C. 47, 1958.
Akten des Geologischen Dienstes Jena.

Strukturelle und lithologische Kriterien für das Aufsuchen verborgener Erzkörper hydrothermaler Lagerstätten[1)]

F. I. WOLFSON & L. I. LUKIN, Moskau

Es ist allgemein bekannt, daß ohne Spalten, Schichtflächen und irgendwelche andere Wege für das Eindringen hydrothermaler Lösungen keine hydrothermalen Lagerstätten entstehen können. In allen Fällen bilden die Klüfte Zufuhrkanäle der erzführenden Lösungen. Sie beeinflussen auch die Erzverteilung und die Lokalisierung der Vererzung. Jedoch erfolgt die Bildung von Lagerstätten und besonders von reichen Partien und Erzsäulen nur bei einer günstigen Kombination der strukturellen und der lithologischen Faktoren. Die Praxis zeigt, daß diese Besonderheit sowohl bei der Bildung der Erzfelder als auch der einzelnen Lagerstätten und Erzkörper zum Ausdruck kommt.

Die Analyse der vorhandenen Daten führt zu dem Schluß, daß die Erzfelder der hydrothermalen Lagerstätten aller genetischen Typen in Erzbezirken und Erzgürteln liegen, die an die beweglichsten Bereiche der Erdkruste geknüpft sind. Das sind vor allem Gebiete, in denen verschiedene Strukturfazieszonen aneinanderstoßen.

Die strukturellen Faktoren bei der Verteilung der hydrothermalen Erzfelder werden vor allem durch Bereiche bestimmt, in denen schroffe Änderungen im Streichen der Antiklinorien und der einzelnen Falten auftreten. In diesen Bereichen treten am häufigsten die Mutterintrusionen von Hochtemperaturlagerstätten auf, und es erscheinen vorwiegend konkordante, ferner schneidende Brüche, welche die Verteilung der Kleinintrusionen und der Erzfelder der hydrothermalen Mittel- und häufig Niedertemperaturlagerstätten beeinflussen. Erzfelder mit vorwiegender Entwicklung von Faltenstrukturen entstehen hierbei gewöhnlich an solchen Stellen, an denen die Biegefalten durchbrochen werden; diese Falten werden von zwischen den Formationen befindlichen Abrissen mit lokalen schneidenden Scherstörungen begleitet.

Die durch das Vorherrschen von Kluftstrukturen gekennzeichneten Erzfelder liegen in Gebieten, die zu großen Brüchen tendieren. Sie liegen vorwiegend in Bereichen, wo die Störungen ihr Streichen plötzlich ändern, oder dort, wo sie sich in eine Reihe von Zweigen zerschlagen, dort, wo seitliche Fiederstörungen abzweigen, und schließlich da, wo sich Störungen verschiedener Richtungen kreuzen. In der Regel tritt die Vererzung hierbei nicht in den größten Störungen selbst auf, sondern in den kleineren, damit zusammenhängenden Nebenstörungen.

Für viele Metalle, aus denen die Erze der hydrothermalen Lagerstätten bestehen, ist eine ganz bestimmte Bildungstiefe ermittelt worden, die im Augenblick der Vererzung vorlag. In verschiedenen Fällen ist mit einem bestimmten Zuverlässigkeitsgrad auch die gesamte Tiefe festzustellen, in der die Vererzung verbreitet ist. So ergibt sich z. B. für hydrothermale Uranlagerstätten, daß die obere Grenze der Vererzung in einer Teufe von 500 bis 700 m unter der zur Zeit der Vererzung existierenden Erdoberfläche lag. Die Vererzung erstreckt sich hierbei in einer Teufe von über 1 km.

Ähnliche Abstände zwischen der Obergrenze der Vererzung und der damaligen Erdoberfläche ergeben sich auch für die Schwerspat- und Flußspatvererzung. Diese Vererzung reicht jedoch bis 1,5 km und mehr in die Tiefe.

Die Obergrenze für die Formierung der Blei-Zink-Vererzung liegt bei 1 – 1,5 km. Die aufgeschlossenen Teufen dieser Vererzung betragen 1,5 – 2 km, die gesamte Entfaltung der Vererzung in der Vertikalen ist jedoch noch nicht genau festgestellt. Das bezieht sich auch auf die Gold- und einige andere Lagerstätten.

Die Notwendigkeit, für die verschiedenen Metalle eingehendere Untersuchungen zur Feststellung der Intensität der Vererzung in der Vertikalen anzustellen, ist damit erwiesen.

Neben günstigen Strukturfaktoren und einem entsprechenden produktiven Niveau der Vererzung bei einem gegebenen Erosionsanschnitt spielen bei der Verteilung der hydrothermalen Erzfelder die chemischen und ferner die physikalisch-mechanischen Eigenschaften der Nebengesteinsfolgen eine wesentliche Rolle. Es ist allgemein bekannt, daß die Erzfelder der Blei-Zinklagerstätten am häufigsten in karbonatischen Folgen oder in spröderen Horizonten silikatischer Gesteine lokalisiert sind. Die Erzfelder von Kupferlagerstätten sind häufig an effusive Bildungen und deren Tuffe geknüpft. Für eine Entstehung von Erzfeldern der Eisenlagerstätten, ferner von Lagerstätten vieler Bunt- und seltener Metalle sind Kontaktzonen silikatischer (eruptiver und sedimentärer) und karbonatischer Folgen sehr günstig.

Die oben behandelten strukturellen und lithologischen Faktoren, ferner der Faktor der Tiefenlage, in der die Vererzung entwickelt ist, bestimmen die strukturell-geologische Position der Erzfelder hydrothermaler Lagerstätten. Diese Position und die relative Rolle jedes Faktors, der diese Position bei der Lokalisierung der Vererzung bedingt, müssen in jedem Gebiet mit hydrothermaler Vererzung eingehend untersucht und analysiert werden. Hierbei müssen Gebiete ausgesondert werden, deren strukturell-geologische Position der Position bereits bekannter Erzfelder in einer gegebenen Provinz oder in anderen Provinzen mit ähnlichem geologischen Aufbau ähnlich ist.

In den nach strukturgeologischen Merkmalen günstigen Gebieten müssen Tiefen-Aufsucharbeiten auf die verborgene Vererzung durchgeführt werden, wobei dafür alle bekannten neuen Untersuchungsmethoden (geologische, geophysikalische und geochemische) bei Anwendung bergmännischer und Bohrarbeiten eingesetzt werden müssen.

---

1) Materialien für die Allunionsberatung zur Ausarbeitung wissenschaftlicher Grundlagen für das Aufsuchen verborgener Erzkörper (Thesen der Vorträge und Mitteilungen) Moskau 1958, S. 8 – 13.

Die strukturellen und lithologischen Kriterien besitzen beim Aufsuchen einer verborgenen Vererzung in den einzelnen Erzfeldern eine besondere Bedeutung.

Das Auftreten einer verborgenen Vererzung ist besonders charakteristisch für hydrothermale Lagerstätten, in welchen Faltenstrukturen vorherrschen. In diesem Lagerstättentyp sind am häufigsten sattelartige und schichtförmige Körper in „ähnlichen" Falten entwickelt; diese Falten sind hauptsächlich bedingt durch zwischen den Schichten erfolgende Abscherungen und durch Abblättern hauptsächlich der Antiklinalfalten in den Scharnieren. Derartige Körper kommen gewöhnlich in Schichten vor, die eine Vererzung begünstigen, nämlich unter schwach durchlässigen Gesteinen (vorwiegend Schiefern). Wenn im Profil in mehrfacher Wiederholung Gesteine auftreten, die günstig für eine Vererzung sind, kommen bei entsprechenden Strukturverhältnissen (Faltenscharniere) Erzkörper dieses Typs nicht selten in vielen Stufen vor (Goldlagerstätte Bendigo, polymetallische Lagerstätten des Altai, Arsenlagerstätte Britisch-Mulla, einige Kies- und andere Lager). Das muß bei der Organisierung der Tiefen-Sucharbeiten in gefalteten Erzfeldern berücksichtigt werden.

Komplizierter sind die Lokalisierungsverhältnisse der Erzkörper in Blockfalten. Die Hauptmasse der Vererzung konzentriert sich in den zerstückelten Scharnieren der zusätzlichen Synklinalen, welche die Antiklinalfalten komplizieren, und sie kann vielstufig sein. Strukturen dieses Typs sind für viele bei niedrigen Temperaturen entstandene hydrothermale Sb-Hg-Lagerstätten charakteristisch. Es gibt Unterlagen über das Auftreten von Erzkörpern auch auf den Flanken der Antiklinalen, wo bisweilen eine zusätzliche Zerblockung der einzelnen Schichtpakete zu beobachten ist.

Die erwähnten Besonderheiten der Lagerung der Erzkörper müssen bei den Tiefen-Sucharbeiten auf eine verborgene Vererzung berücksichtigt werden.

Noch komplizierter ist die Form der Erzkörper in Diapirfalten und in Scherfalten, die einander nach den Bildungsbedingungen ähneln und manchmal ineinander übergehen. Die Erzkörper sind mit Unterbrechungen an steileinfallenden tektonischen Flächen und Kluftzonen verbreitet, hauptsächlich im zerstückelten Gestein, das von den plastischeren Gesteinen des Kerns durchbrochen wird. Dieser Strukturtyp ist für Skarnlagerstätten und gewisse bei mittleren Temperaturen entstandene hydrothermale Lagerstätten kennzeichnend (Tyrnyaus, Tschukurak u. a.).

Besonders günstig für die Vererzung sind die oberen Teile der Diapirkerne, von denen einzelne in der Tiefe überdeckt sein können. Das ist beim Aufsuchen einer verborgenen Vererzung zu beachten, und die steileinfallenden Kontakte zwischen Gesteinen mit sehr verschiedener Plastizität müssen sorgfältig untersucht werden.

Komplizierter sind die Formen und die Lagerungsverhältnisse der Erzkörper, wenn in den Profilen der Nebengesteinsserie Gesteine wechsellagern, die sich hinsichtlich der chemischen Eigenschaften unterscheiden. Die Erzkörper entwickeln sich in günstigen Horizonten (z. B. hydrothermale Mittel- und Niedertemperatur-Blei-Zinklagerstätten in Kalken) oder an den Kontakten silikatischer und karbonatischer Gesteine, die durch zwischen den Schichten verlaufende Abrisse kompliziert werden (z. B. Skarnlagerstätten von Magnetit, Blei-Zink und Scheelit).

Noch stärkere Komplizierungen in den Lagerungsverhältnissen der Erzkörper sind zu beobachten, wenn im Profil Gesteine wechsellagern, die ähnliche Zusammensetzung, aber unterschiedliche physikalisch-mechanische Eigenschaften haben. In diesem Fall tritt die Vererzung in Horizonten auf, die aus Gesteinen bestehen, welche im Vergleich zu den umgebenden Gesteinen spröder sind. Die erzführenden Spalten erscheinen lokal und gehen nicht über diese Horizonte hinaus. Ein klares Beispiel ist die Pb-Zn-Lagerstätte Atschissaj, auf der die Vererzung in den tiefen Horizonten in Dolomit-Schichtpaketen auftritt, die gegenüber den darüber- und darunterliegenden Kalken klüftiger sind.

Für das Aufsuchen einer verborgenen Vererzung in den Lagerstätten dieses Typs besitzt die eingehende Gliederung des Profils der Nebengesteine (unter Berücksichtigung ihrer mechanischen Eigenschaften) und ferner die Untersuchung der eine Vererzung begünstigenden Lagerungsverhältnisse der Schichten Bedeutung.

In Gebieten, in denen Gesteine mit stark unterschiedlichen physikalisch-chemischen Eigenschaften wechsellagern, spielt offensichtlich die Art der Abschirmung eine wesentliche Rolle. Diese Abschirmung führt zu einer räumlichen Trennung der Erze verschiedener Zusammensetzung, z. B. zu einer Trennung der Pb-Zn- von den Cu-Erzen. Diese Erscheinung ist auf den Lagerstätten Tintic (USA), Ilytsch (Nordural) und Dshargelan (Kirgisien) zu beobachten. In diesen Lagerstätten kommt die Cu-Vererzung in den tieferliegenden Schiefern und Quarziten vor, während die Pb-Zn-Vererzung in den überdeckenden Kalken auftritt. Diese Gesetzmäßigkeit ist auch auf einigen Sb-Hg-Lagerstätten sowie anderen festzustellen; sie muß beim Aufsuchen verborgener Erzkörper berücksichtigt werden.

Beim Aufsuchen einer mit Kluftstrukturen zusammenhängenden verborgeneren Vererzung ist zu berücksichtigen, daß bei den hydrothermalen Lagerstätten, die in verschiedenen Temperaturintervallen entstehen, die Lokalisierung der Erzkörper spezifische Besonderheiten besitzt.

Bei Greisenlagerstätten oder bei Quarzitgängen, die von einer Vergreisung der Nebengesteine begleitet werden, ist charakteristisch, daß die Vererzung an früh angelegte Klüfte in den Intrusionen der Granitoide gebunden ist. Die verborgenen Erzkörper sind an die apikalen (randlichen) Teile der Intrusiva geknüpft, sie konzentrieren sich entweder an flachen Klüften, die im wesentlichen parallel zum Hangenden des Massivs verlaufen (Bukuka in Osttransbaikalien) oder unmittelbar unter den schwach durchlässigen Gesteinen des Hangenden (Aktschatau, Zentralkasachstan). Beim Aufsuchen muß die Struktur und die Lagerungsform der Intrusiva und der Nebengesteine eingehend untersucht werden, ferner müssen die mineralogischen Indikatoren für eine verborgene Vererzung ermittelt werden (Greisenzonen, Quarztrümer usw.).

In den hydrothermalen Mittel- und Niedertemperaturlagerstätten des Spaltentyps hängt die Position der verborgenen Erzkörper in erheblichem Maße davon ab, ob die Nebengesteine homogen sind oder ob in dem von den Erzgängen durchörterten Profil Gesteine wechsellagern, die hinsichtlich der chemischen und der physikalisch-mechanischen Eigenschaften ungleichartig sind. Im ersten Fall kann die verborgene Vererzung in Bereichen auftreten, in denen sich dieLagerungsverhältnisse der erzführenden Spalten ändern, ferner dort, wo sie gegliedert sind, einander durchörtern oder aufblättern. Das gilt für die Lagerstätten Sadon, Sgid u. a. Zur Ermittlung der für eine Vererzung günstigen Bereiche muß der Charakter der vor der Vererzung vorhandenen Tektonik und die Morphologie der erzführenden Spalten geklärt werden, wobei die Versetzungsrichtungen der Gesteinsblöcke an Hand der Oberflächen dieser Spalten während der Erzbildung obligatorisch bestimmt werden müssen.

Für eine Lokalisierung der Vererzung in ungleichartigen Folgen bleiben in struktureller Hinsicht die oben erwähnten Bereiche günstig. Außerdem gewinnt der lithologische Faktor große Bedeutung, und die Erzkörper treten häufig dort auf, wo die günstigen Gesteinshorizonte von den erzführenden Spalten durchörtert werden (z. B. Kti—Teberda, Elbrus u. a.). Zur Ermittlung verborgener Erzkörper müssen die Morphologie und die Entwicklungsgeschichte der erzführenden Spalten und das Profil der Nebengesteine eingehend untersucht werden.

Bei den Arbeiten zur Ermittlung einer verborgenen Vererzung in hydrothermalen Lagerstätten, besonders in Mittel- und Niedertemperaturlagerstätten, ist zu berücksichtigen, daß für eine Konzentrierung industrieller Erze am günstigsten die Klüfte sind, die sich nach früher angelegten Spalten entwickeln. Diese letzteren werden an Hand der in ihnen auftretenden Gesteinsgänge, früherer erzfreier Gänge, ferner vulkanischer Necks und Vulkanschlote ermittelt, die nicht selten durch jüngere Effusiva verdeckt sind.

Für eine breitere Entfaltung erfolgreicher Sucharbeiten auf verborgene Vererzungen bedürfen die Geologen einer guten Kenntnis aller möglichen Strukturtypen, die innerhalb der verschiedenen Gruppen von Erzlagerstätten in verschiedenen geologischen Verhältnissen auftreten. Wenn wir diese Kenntnis auf die konkreten höffigen Gebiete anwenden und die mineralogisch-geochemischen Indikatoren berücksichtigen, sind wir in der Lage, Varianten für eine mögliche Auffindung verborgener Erzkörper anzugeben, von denen jede durch geologische Erkundungsarbeiten überprüft werden muß.

Die „Schwebenden" im Bereich der Marienberger Gneiskuppel

HORST RADTKE, Berlin

Vorwort

Im Jahre 1912 übergab R. BECK die von ihm überarbeitete, aus dem Jahre 1848 stammende Monographie des bekannten Erzgeologen HERMANN MÜLLER über die Erzlagerstätten des Marienberger Bereichs der Öffentlichkeit. Diese Arbeit hatte seinerzeit vielen Bergbauinteressenten Aufklärung über mancherlei Probleme gewährt. „Die zahlreichen Beobachtungen MÜLLERs verdienen aber auch vom rein wissenschaftlichen Standpunkt aus und in dieser Beziehung in weiteren Kreisen Beachtung", schreibt BECK in seinen Vorbemerkungen. Dieser Satz hat sich z. T. bis in die Gegenwart bewahrheitet, denn nach dem gänzlichen Niedergang des Marienberger Bergbaues Ende des 19. Jahrhunderts wurden die MÜLLERschen Aufzeichnungen zur Standardarbeit innerhalb der Fachliteratur dieses Lagerstättenbereiches.

Erst durch den jungen, nach dem zweiten Weltkrieg im Rahmen unserer Friedenswirtschaft betriebenen Bergbau im sächsischen Erzgebirge wurde dem Geologen wieder die Möglichkeit gegeben, dort Untertagearbeiten durchzuführen. Die hierbei gewonnenen Erkenntnisse bestätigen oftmals die Angaben der älteren Literatur, führen aber auch zu neuen Ergebnissen, die den älteren Deutungen nicht immer entsprechen.

Verf. hatte im Rahmen seiner Diplomarbeit 1957 Gelegenheit, die Grubenbaue der Betriebsabteilung Marienberg des VEB Erzgebirgische Zinn- und Spatgruben, Ehrenfriedersdorf, zu befahren.

Die „Schwarzen Flöze" und die „Schwebenden" nach MÜLLER & BECK (1912)

MÜLLER & BECK (1912) beschreiben aus dem Marienberger Erzdistrikt mylonitische Gebirgsteile einmal unter der Bezeichnung „Schwarze Flöze", zum anderen als „Schwebende". In der Beschreibung der Erzgänge des Annaberger Reviers durch MÜLLER (1894) werden ebenfalls die „Schwarzen Flöze" bei Marienberg erwähnt, jedoch sind die Angaben über die genannten Gebirgsteile keinesfalls einheitlich. Mit Hilfe des neuen Beobachtungsmaterials aus der BA[1]) Marienberg können einige Ergänzungen und Korrekturen an der MÜLLERschen Arbeit vorgenommen werden.

Die „Schwarzen Flöze"

MÜLLER kannte die eigentlichen Schwarzen Flöze nur im Wilds- und Rabenberg bei Pobershau, und „zwar in einer Region des Marienberger Gneises, welche durch viele Einlagerungen von dichtem Gneis ausgezeichnet ist" und beschreibt sie dort wie folgt: Sie stellen „wohl nur eine an kohligen Teilchen reiche Abart der dichten Gneise dar". So bilden sich mehrmals wiederholende schmale Lagerschmitzen, andererseits auch abgeschlossene, lagerartige Körper von 8 cm bis zu 2 m Mächtigkeit. Die Mächtigkeit eines Flözes ist in geringen Abständen sehr verschieden. Mit dem schnellen Abnehmen der Mächtigkeit bringt MÜLLER auch den Umstand zusammen, daß ein Flöz, in seiner Längs-

[1]) BA = Betriebsabteilung.

erstreckung gesehen, bald gänzlich verschwindet, „während man einige derselben auf mehr als 100 m Länge verfolgt hat, ohne ihre Endschaft zu erreichen." Ähnlich der Mächtigkeit ist auch „der Verlauf dieser schwarzen Flöze selten regelmäßig, sondern vielfach gewunden, so daß man ein solches Flöz in den wenigsten Fällen genau da wiederfindet, wo man es seinem Streichen und Fallen nach erwarten sollte." Als Ursache hierfür wird das flache Einfallen (Zahlenwerte sind nicht angegeben) der Flöze genannt. Wie aus den beiliegenden Skizzen der Arbeit von MÜLLER & BECK hervorgeht, liegen die Schwarzen Flöze konkordant zum Flächengefüge des Gneises.

Die Bestandteile der Flöze sind ton- oder glimmerschieferartige Gesteine von grünlichgrauer bis schwarzgrauer Farbe, bei welchen „der Glimmer häufig durch eine schwärzliche, kohlige Substanz ersetzt wird". In Form von schmalen Schnüren, Körnern und Nestern ist in den Flözen häufig Schwefelkies enthalten. Gerade der Schwefelkies gilt als charakteristischer Bestandteil der Schwarzen Flöze, er fehlt fast nie. Ist der Schwefelkies für das bloße Auge nicht mehr erkennbar, so kann seine Anwesenheit in Form eines braunen Beschlages oder als Eisenoxydsinter festgestellt werden. Häufig werden die Flöze, besonders die mächtigeren, durch je einen Lettenbesteg im Liegenden und Hangenden vom Gneis getrennt.

Über Tage sind die Schwarzen Flöze nicht bekannt.

Die „Schwebenden"

Als „Störungszonen im Gneisgebirge" beschreiben MÜLLER und BECK (1912) die Schwebenden aus dem Marienberger Erzdistrikt, die dort „häufiger im nordwestlichen und westlichen Reviertheile als im östlichen" auftreten. „Es sind hier platten- bis schmitzenförmige Gebirgskörper von geringer Mächtigkeit, selten über 40 cm, die sich dem Gneisgebirge nicht konkordant einfügen lassen, sondern vielmehr Zerrüttungszonen darstellen, längs welchen Überschiebungen, verbunden mit einer Zermalmung des Gesteins, stattgefunden haben. In petrographischer Hinsicht gleichen sie ganz der Ausfüllung von Verwerfungsklüften." In bezug auf die Länge, den Verlauf und das Aussehen trifft für die

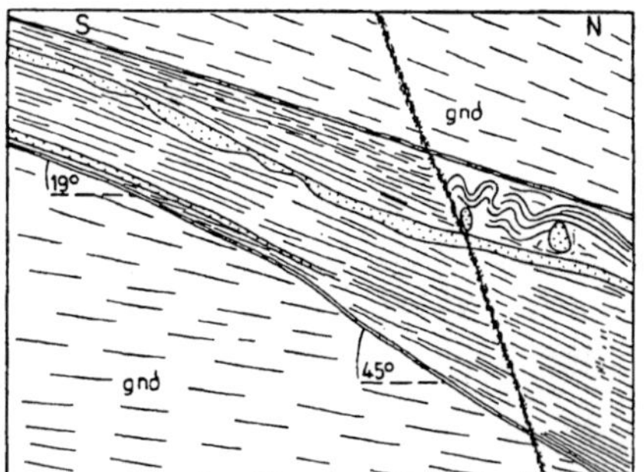

Abb. 1. Schwebendes im Steigort 63/2, 1/2 6. Sohle am Oststoß (Maßstab 1:6)

Zeichenerklärung zu Abb. 1 u. 2

Punktiert: Quarzkörner und -bänder
Gerade Strichsignatur: mylonitische Gneisbrocken
gekrümmte Strichsignatur: intensiv verknetete tonschieferartige Massen (Molynite)
gnδ: dichter Gneis

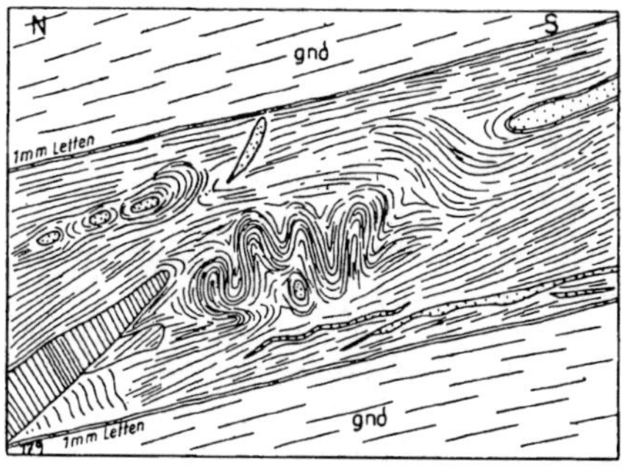

Abb. 2. Schwebendes im Steigort 63/2, 1/2 6. Sohle am Weststoß (Maßstab 1:6)

Schwebenden das gleiche zu wie für die Schwarzen Flöze, doch führen die ersteren im Gegensatz zu den letzteren keinen Schwefelkies, wohl aber kohlige Substanz.

Anders dagegen lautet die Beschreibung der Schwebenden aus dem Annaberger Bergrevier durch MÜLLER (1894), auf welche in der Marienberger Arbeit hingewiesen wird. Die Mächtigkeit der Schwebenden kann dort bis zu 2 m ansteigen. „Dazu haben sie oft Schwefelkies, ... wodurch eine große Ähnlichkeit mit den sogenannten Schwarzen Flötzen in dem Marienberger Bergreviere hervorgerufen wird".

Ebenso unterschiedlich wie die Beschreibung eines charakteristischen Kennzeichens bei der Unterscheidung von Schwebenden und Schwarzen Flözen ist, sind auch die Fallwerte der Schwebenden im Annaberger Revier von denen des Marienberger Gebietes verschieden. Ihr Einfallen ist im allgemeinen sehr flach. „Einige der Schwebenden setzen sogar in ihrer ganzen bekannten Erstreckung transversal durch die Nebengesteinsschichten hindurch und offenbaren sich sonach als entschieden gangartige Bildungen", was wahrscheinlich MÜLLER (1894) zu einem Vergleich dieser Gebirgsteile mit den Oberharzer Ruscheln veranlaßte. Der Einfallswinkel übersteigt jedoch die 45°-Grenze nicht und wird „nach allen Himmelsrichtungen gerichtet gefunden".

Sowohl die Schwarzen Flöze als auch die Schwebenden sind „Bildungen von hohem geologischen Alter". In die ersteren „entsendet der Granit keilförmige Ausläufer", beide werden von Zinnerzgängen durchsetzt. Die Schwebenden sind aus vielen Grubenbauen bekannt, besonders zahlreich sind sie im Grubenfeld von „Alte Drei Brüder".

Kartierungsergebnisse an Schwebenden in der BA Marienberg

In den Grubenbauen der BA Marienberg konnten auf drei Sohlen umfangreiche Kartierungen an Schwebenden vorgenommen werden, deren Ergebnisse die Grundlagen der folgenden Ausführungen bilden.[2])

Auf den genannten Sohlen treten die Schwebenden in verschiedenen Varietäten der oberen Graugneise des Erzgebirges sowie der dichten Gneise auf. Ihre Ausbildung in den einzelnen Gneisarten ist sehr unterschiedlich, ihre Lagerung jedoch stets konkordant zum flächenhaften Parallelgefüge des Gneises, ihr Einfallen übersteigt nie den Wert von 30°, in der Regel liegt er darunter.

[2]) Auf die Erzführung der Schwebenden bzw. auf deren veredelnde Wirkung an Kreuzen mit Erzgängen kann im Rahmen dieser Arbeit nicht eingegangen werden.

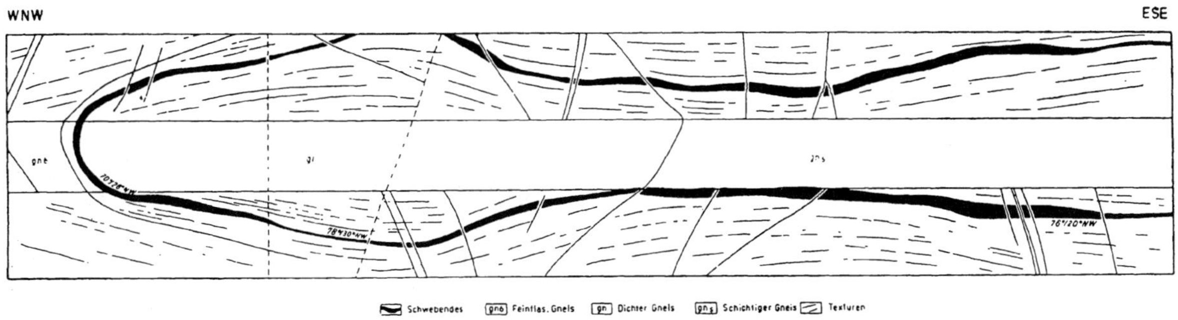

Abb. 3. Schwebendes auf der 5. Sohle (Maßstab 1:150)

Für feinflasrigen Gneis gilt das Zeichen gn, für dichten Gneis das Zeichen gnδ

Auf der 1/2 6. Sohle sind vier Schwebende aufgefahren, die sowohl dichten plattigen als auch mittelkörnigen und grobklastischen augigen Graugneis durchsetzen. Im Steigort 63/2 ist im dichten plattigen Gneis ein Schwebendes angefahren, welches im Liegenden und Hangenden durch je einen 1 mm starken Lettenbesteg vom Nebengestein getrennt wird. Dazwischen liegen am Oststoß 14 cm graue, kohlenstofffreie, intensiv in sich verknetete tonschieferartige Massen. Letztere umschließen mitunter wirbelartig Quarzkörner und -bänder und enthalten unregelmäßige Einlagerungen von mylonitisierten Nebengesteinsbrocken. Dieses Schwebende ändert auf 2 m Länge seine Mächtigkeit von 14 cm auf 6 cm, wobei sich der Einfallswinkel im Liegenden ändert (Abb. 1, 2). Wenige Meter westlich der letztgenannten Lokalität wird das Schwebende von einem zweiten spitzwinkelig durchsetzt. Zersetzter Pyrit färbt das Schwebende in Form eines braunen Beschlages stellenweise in beiden Aufschlüssen. Die Lettenbestege an den Salbändern deuten auf Bewegungen hin. Da die weiche Füllmasse des Schwebenden dem auf ihm lastenden Gebirgsdruck nicht standhält, kommt es zu randlichen, wulstartigen Ausquetschungen, die lineare, unsystematisch angeordnete Bewegungsspuren hinterlassen, welche mit dem Finger leicht zu verwischen sind.

Auf der 5. Sohle ist ein Schwebendes in mehr als 60 m Länge aufgefahren (Abb. 3). Das Nebengestein bilden mehrere Gneisvarietäten von verhältnismäßig hoher Festigkeit. Das Schwebende liegt auch hier vollkommen konkordant zum Flächengefüge des Gneises, welches einen wellenförmigen Verlauf zeigt. Die Mächtigkeit, die zwischen wenigen cm und 50 cm schwankt, ist nie über mehrere Meter hinweg konstant. Klüfte verlieren beim Durchsetzen der weichen Füllung des Schwebenden ihre verhältnismäßig gerade Richtung aus dem Nebengestein und nehmen in den Myloniten einen wellenförmigen Verlauf an. Die oben erwähnten Ausquetschungserscheinungen können auch an diesem Schwebenden festgestellt werden. Als sekundäre Mineralneubildungen treten Gips (in Nadeln) und Kobaltblüte auf. Brauner Eisenoxydbeschlag ist vorhanden. Die Füllmasse dieses Schwebenden ist nicht einheitlich. Sie setzt sich aus schwarzem, wahrscheinlich kohlenstoffhaltigem Ausschram[3]) bis zu glimmerschieferartigem Gestein, das fast die gneisähnliche Struktur des Nebengesteins erreichen kann, zusammen. Quarz- und Feldspatkörner sind mitunter perlschnurartig aneinandergereiht.

In den Nordauffahrungen der 6. Sohle waren die Schwebenden am besten aufgeschlossen. Hier waren durchgehende Streckenkartierungen bis zu 80 m möglich, wobei das aufgefahrene Schwebende drei verschiedene Gneisvarietäten durchsetzt (Abb. 4). Die Ausbildung des kartierten Schwebenden gleicht den bisherigen Beschreibungen in Lagerung und Füllung bis auf das Fehlen des braunen Eisenoxydbeschlages und die Auftrümerung des Schwebenden. Östlich des Überhaues 220a/1 ziehen in der Firste zwei, aus gneisartigem, mylonitischem Gestein bestehende Apophysen des Schwebenden entlang, die sich gabeln und zu einer Kluft zusammendrücken. Das eigentliche Schwebende wird nicht durchsetzt. Das zwischen dem Gute Hoffnung- und dem Zscherper-Flachen bis zu 25 cm mächtige Schwebende trümert westlich des letztgenannten Ganges in mehrere, teilweise nur schwer erkennbare Lagen auf, die ebenfalls als Kluft enden können (Stoßprofile auf Abb. 5). Die Mylonitisierungserscheinungen der Füllung der Apophysen und der Auftrümerungslagen ist stets geringer als im mächtiger ausgebildeten Schwebenden. Vollkommen feste Brocken des Nebengesteins können, umgeben von etwas Ausschram, in solchen Zonen liegen. Ein Auftrümern von Erzgängen an Kreuzen mit Schwebenden, wie MÜLLER & BECK (1912) dies erwähnen, ist in den Bauen der BA Marienberg nicht zu beobachten.

Wichtig ist die an mehreren Stellen zu messende Rillung am Salband des Schwebenden in der Strecke 220a. Mit 9°/17° Nord streicht sie senkrecht zu den Salbändern. Im Gegensatz zu den von anderen Sohlen genannten Schwebenden ist die Rillung hier einwandfrei ausgeprägt und keinesfalls mit den Pressungserscheinungen der dort erwähnten Ausbildung zu verwechseln. Außerdem tritt sie im Nebengestein auf den dem Flächengefüge des Gneises parallel liegenden Plattenfugen auf.

Alle in den Bauen der BA Marienberg befahrenen Schwebenden werden im Liegenden und Hangenden stets durch Lettenbestege oder Harnische begrenzt, Übergänge zum festen Nebengestein sind nicht festzustellen, wie sie BEYER (1958) aus dem Annaberger Gebiet beschreibt. Grobflaseriger Gneis ist in unmittelbarer Nähe der Schwebenden, an deren Auftrümerungszonen sowie im Bereich verstärkter Klüftung ± stark zerruschelt (Abb. 4). In den Grubenfeldern „Neugeboren Kindlein — Himmelreich", „Unvermutet Glück"

[3]) Ausschram = aufgelöstes und zersetztes Nebengestein (definiert nach v. WEISSENBACH, 1836), abgeleitet von „schräm(m)en".

und in den Auffahrungen der BA Marienberg treten die Schwebenden als parallele Trümer von mehreren Metern Abstand auf. Mit Ausnahme der Baue der letztgenannten Grube durchsetzen sie die Gneisschieferungsflächen mit geringer Diskordanz. Eine fast stets konkordante Lagerung nehmen die Schwebenden auch im Annaberger Raum ein (BEYER 1958).

Der Kohlenstoffgehalt der Schwebenden ist — wie zum Teil mit bloßem Auge festgestellt werden kann — verschieden. Die teilweise graue, kohlenstofffreie Füllmasse des Schwebenden im dichten Gneis geht im Norden der 6. Sohle in die schwarze, kohlenstoffhaltige im grobflaserigen Gneis über. Ähnliche Farbübergänge zeigt das Nebengestein. Eine von der Staatlichen Geologischen Kommission (Labor FRIESE) 1958 ausgeführte Analyse erbrachte einen Kohlenstoff-(C-)Gehalt von 0,23% an organischer und einen Karbonat-(CO_2-)Gehalt von 0,41% an anorganischer Substanz[4]).

Eine besondere Art des Auftretens von Kohlenstoff ist am Zscherper-Flachen zu beobachten. Dieser Gang, im Mittelfeld der BA Marienberg bis zu 3 m mächtig, besteht in der Strecke 220 aus zwei Lettentrümern mit einem dazwischenliegenden Bergekeil. Das Hangende Trum setzt sich aus kittartigen, tiefschwarz gefärbten Letten zusammen (Abb. 4)[5]). MÜLLER & BECK (1912) beschreiben ähnliche Vorkommen vom Kaiser Heinrich-Stehenden und St. Georg-Morgengang aus dem „Unvermutet Glück"-Feld.

Die Schwebenden als Leithorizont

Im Bereich der Marienberger Gneiskuppel sind öfter Harnische mit gut ausgebildeter Rillung zu finden, die Schlüsse auf die Art der stattgefundenen Bewegungen zulassen. Die zeitliche Einstufung solcher Bewegungen ist gerade im metamorphen Grundgebirge mit Schwierigkeiten verbunden, da biologische Zeitmarken nicht herangezogen werden können. Die relative zeitliche Entstehung der Schwebenden ist jedoch bekannt, desgleichen ihre Lagerung auf den einzelnen Sohlen. In den Strecken sind sie leicht zu erkennen. Sie können so als Leithorizonte im Grundgebirge angesehen werden. Folgende Beispiele seien als Beweise angeführt:

Das Öffnen der Spalten bei der Bildung der Erzgänge kann von Verwerfungen begleitet sein, deren Ausmaß und Auftreten überhaupt im eintönig ausgebildeten Gneisgebirge megaskopisch nicht festgestellt werden kann, soweit keine Bewegungsspuren im Gang bzw. an dessen Salbändern oder Kreuzen mit anderen Gängen vorhanden sind. Wie aus Abb. 4 hervorgeht, verwirft der Zscherper-Flachen das in der Strecke 220a aufgefahrene Schwebende um 2 m. Dieser Gang zeigt jedoch im Mittelfeld der BA Marienberg auf der 6. Sohle in Bleiglanz eine sehr gut ausgeprägte Rillung, die auf eine Blattverschiebung hinweist. Die Verwerfung des Schwebenden durch den Zscherper-Flachen ermöglicht die Feststellung einer zweiten, vertikal gerichteten Bewegung an diesem Gang. Der Gute Hoffnung-Flache dagegen tritt nicht als Verwerfer auf, wie an zwei Kreuzen dieses Ganges mit Schwebenden nachgewiesen werden kann.

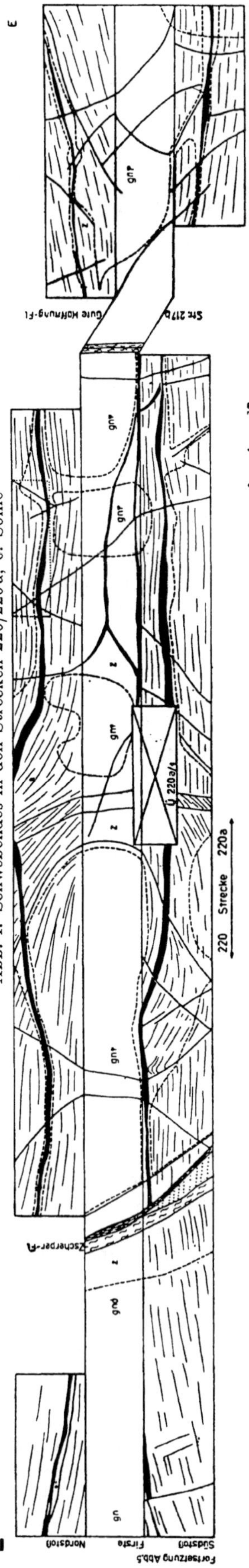

Abb. 4. Schwebendes in den Strecken 220/220a, 6. Sohle

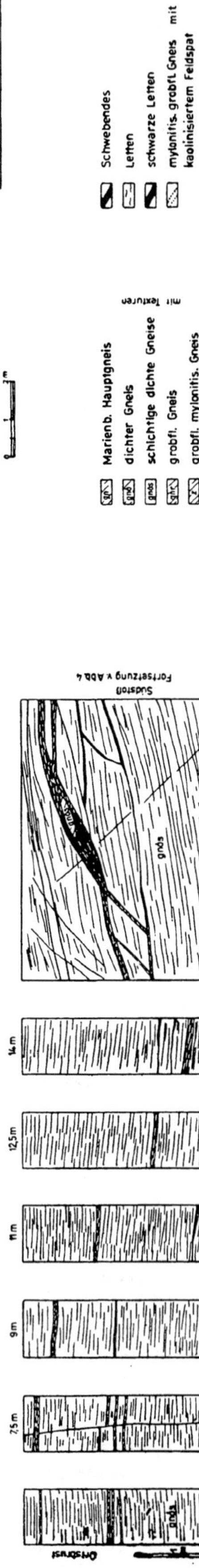

Abb. 5. Auftrümern und Auskeilen des Schwebenden (s. Abb. 4) Säulenprofile aus dem Südstoß der Strecke 220

[4]) Zur Analyse wurde ein Handstück aus der Straße 220a gegeben, entnommen aus dem Nordstoß zwischen dem Gute-Hoffnung- und dem Zscherper-Flachen. Es bestand aus dem Hangendharnisch und Ausschram des dortigen Schwebenden.

[5]) Eine Analyse konnte nicht angefertigt werden.

Die diskordante Lage des Schwebenden am Überhauen 220a/1 über sehr geringe Distanz rührt von einer geringfügigen Verwerfung her, die vor der Bildung der Schwebenden erfolgte.

4 m östlich des genannten Überhauens führen im Liegenden des Schwebenden zwei Harnische 4 mm breite Rutschstreifen, die 12° Nordwest einfallen und so eine Blattverschiebung anzeigen. Das Schwebende verwirft die Harnischflächen.

Wenn die Schwebenden hierdurch eine gewisse leitende Bedeutung beim Erkennen und der zeitlichen Einstufung klein- und gangtektonischer Vorgänge im Gneisgebirge erlangen, so ist ihr Wert in dieser Beziehung doch gewissen Einschränkungen unterworfen, denn:

1. treten sie im Gebirge nicht durchgehend auf,
2. ist ihr zahlenmäßiges Vorhandensein lokal sehr verschieden und
3. richten sich ihre Auffahrungen nach der Ausrichtung der Lagerstätte.

Konkordante Lettentrümer

Auf der 5. und 7. Sohle der BA Marienberg sind mehrere, nur wenige Zentimeter mächtige Lettentrümer aufgefahren, die ebenfalls konkordant im Gneis liegen. Ihre Salbänder deuten auf Bewegungsspuren hin. In ihrem Gesamthabitus haben sie mit den Schwebenden außer ihrer Lagerung nichts gemein. Jegliche Spur von Kohlenstoffgehalt fehlt sowohl in ihrer Lettenfüllung, die eine hellgraue Farbe hat, als auch im Nebengestein. Die Längenausdehnung dieser Lettentrümer beträgt nur wenige Meter. Außer einem durchsetzenden Trum der kiesig-blendigen Erzformation liegen keine weiteren Anhaltspunkte für eine Altersbestimmung vor.

Betrachtet man zusammenfassend die Lage der Schwebenden in den Grubenfeldern „Neugeboren Kindlein — Himmelreich", „Unvermutet Glück" sowie der BA Marienberg, dann ergibt sich, abgesehen von den Unterbrechungen zwischen den einzelnen Feldern, für die genannten Gebirgsteile ein umlaufendes Streichen, das dem Kuppelbau des flächenhaften Parallelgefüges des Gneises angepaßt ist. Besonders eindrucksvoll ist das Umbiegen der Schwebenden im Hangenden der „Neugeboren Kindlein"-Störung im gleichnamigen Grubenfeld. Dieses Bild würde sich für den West- und Nordteil der Kuppel fast lückenlos vervollständigen, wenn von den durch MÜLLER & BECK (1912) beschriebenen Gruben noch kartographische Unterlagen vorhanden wären.

SCHMIDT (1959) führt die Bildung der erzgebirgischen Gneiskuppeln auf tangentiale Einengungen und vertikale Bewegungen zurück. Im Verlauf der Einengungstektonik kam es zu Ausgleichbewegungen (Abscherungen) auf Flächen des geringsten Widerstandes (Flächengefüge des Gneises), die in den einzelnen Gneisvarietäten verschiedene Auswirkungen gefunden haben. Auf Grund ihrer Lage und Beschaffenheit können die Schwebenden als mechanischer Nachweis solcher Ausgleichsbewegungen gelten. WATZNAUER (1954) bezeichnet die Schwebenden als „flachliegende, sich oft spitzwinkelig schneidende Scherzonen", SCHMIDT (1959) sieht in ihnen z. T. „Kriterien des Wölbungsmechanismus". Die Bildung der Schwebenden erfolgte wahrscheinlich auf Unstetigkeitsflächen im Gneis, wofür ihr lokales zahlenmäßig verschiedenes Auftreten zu sprechen scheint.

Es bleibt noch die Frage nach dem Unterschied zwischen den „Schwarzen Flözen" und den „Schwebenden" nach MÜLLER & BECK (1912) offen. Nach den MÜLLERschen Beschreibungen zu urteilen, müßten die von den genannten Sohlen der BA Marienberg beschriebenen Gebirgsteile als „Schwarze Flöze" angesehen werden. Diese Sohlen waren zu MÜLLERs Lebzeiten noch nicht aufgefahren. Im Zusammenhang mit dem Salomo-Flachen bei „Vater Abraham" (= BA Marienberg) wird von MÜLLER aber ein 1—4 cm mächtiges Schwebendes über der ersten Gezeugstrecke erwähnt. Es scheint jedoch unwahrscheinlich, daß zwei sich fast vollkommen ähnelnde mylonitische Gebirgsteile dieser Art in einem Grubenfeld vorkommen. Auffällig ist fernerhin, daß nach den MÜLLERschen Angaben bei Pobershau nur „Schwarze Flöze" auftreten, in geringer Entfernung jedoch aus der „Drei Hammerschläge-Fundgrube" (südlich Rittersberg) sowie aus dem nahegelegenen „Unvermutet Glück-Feld" nur „Schwebende" beschrieben werden. Auf Grund der großen Ähnlichkeit, die beide Gebirgsteile in ihrem Gesamthabitus — mit Ausnahme der Mächtigkeit — nach den MÜLLERschen Angaben aus dem Marienberger und Annaberger Revier aufweisen, sowie unter Beachtung neuerer Erkenntnisse ist wohl die Meinung zu rechtfertigen, daß sowohl die „Schwarzen Flöze" als auch die „Schwebenden" genetisch gleich sind und somit unter dem Begriff „Schwebende" zusammengefaßt werden können.

Zusammenfassung

Von den Beschreibungen der „Schwarzen Flöze" und der „Schwebenden" aus dem Marienberger Lagerstättenbereich durch MÜLLER & BECK ausgehend, werden diese mylonitischen Gebirgsteile aus den Bauen der BA Marienberg an Hand von Neukartierungen behandelt. Obwohl die neuen Ergebnisse oft mit den Angaben von MÜLLER & BECK übereinstimmen, können doch Ergänzungen und Korrekturen zu dieser Arbeit in bezug auf die Lagerung der Schwebenden, ihr Verhalten zum Nebengestein, den Kohlenstoffgehalt und Bewegungserscheinungen (Rillungen) gemacht werden. Der Wert der Schwebenden als Leithorizont bei der Einstufung klein- und gangtektonischer Vorgänge wird gezeigt. Die „Schwarzen Flöze" und die „Schwebenden" nach MÜLLER & BECK (1912) stellen genetisch höchstwahrscheinlich ein und dasselbe dar und können unter einem Begriff zusammengefaßt werden.

Literatur

BECK, R. & H. MÜLLER: Die Erzlagerstätten der Umgebung von Marienberg. — Jb. Berg- u. Hüttenwes. Königreich Sachsen, Freiberg 1912.

BEYER, E.: Kleintektonische Untersuchungen im Bereich der Annaberger Graugneiskuppel. — Unveröffentl. Diplomarb. Geol.-paläontol. Inst. Humboldt-Univ. Berlin, 1958.

MÜLLER, H.: Die Erzgänge des Annaberger Bergreviers. — Erl. geol. Spezialkarte d. Königr. Sachsen, Leipzig 1894.

OELSNER, O.: Die erzgebirgischen Granite, ihre Vererzung und die Stellung der Bi-Co-Ni-Formation innerhalb dieser Vererzung. — Geologie, Jg. 7, H. 3—6, S. 682—701 (v. BUBNOFF-Gedenkschr.) (1958).

PIETZSCH, K.: Die Gneise des Sächsischen Erzgebirges. — Geologie, Jg. 3, H. 4, S. 391—412 (1954).

SCHMIDT, K.: Tektonik und Petrogenese des Sächsichen Erzgebirges. — Abh. Deutsch. Akad. Wiss. Berlin, Kl. Chem., Geol., Biol., (Abh. z. Geotektonik), Berlin 1959 (erscheint demnächst).

WATZNAUER, A.: Die erzgebirgischen Granitintrusionen. — Geologie, Jg. 3, H. 6/7, S. 688—706. (PIETZSCH-Festschr.) (1954).

WEISSENBACH, C. G. A. v.: Abbildungen merkwürdiger Gangverhältnisse aus dem sächsischen Erzgebirge mit Erläuterungen. — Leipzig 1836.

Die Anwendung der biogeochemischen Methode beim Aufsuchen und bei der Erkundung von Kupfer-Molybdänerzen[1]

D. P. MALJUGA, Moskau

Im vorliegenden Aufsatz werden die Ergebnisse von biogeochemischen Untersuchungen dargelegt, die in den Jahren 1955–1957 auf der Kupfer-Molybdänlagerstätte Kadsharan (Armenische SSR) durchgeführt wurden. Die primäre Vererzung in Kadsharan (Stadt Pirdoudan) liegt als Sulfide – Kupferkies, Molybdänglanz, Pyrit u. a. – in hydrothermal umgewandelten Monzoniten vor. Als Sekundärmineralien im Erz treten Malachit, Kupferlasur, Powellit, Ferrimolybdit, Limonit, Jarosit und sekundäre Kupfersulfide – Kupferglanz, Covellin, Bornit – auf. Das lösliche Molybdän in der Verwitterungskruste der Lagerstätte liegt als Oxydationsprodukt des Molybdänglanzes vor:

$$2\ MoS_2 + 9\ O_2 + 2\ H_2O = 2\,(MoO_2 \cdot SO_4) + 2\ H_2SO_4.$$

Die hohe Löslichkeit des Molybdäns in der Verwitterungskruste wird durch dessen ständiges Vorkommen in den natürlichen Wässern bewiesen. Dabei reichert sich manchmal das Molybdän in Bodenwässern (in der Nähe von Lagerstätten) in Mengen an, die den Kupfergehalt noch übersteigen. Das Verhältnis Cu:Mo in Grubenwässern ist immer 10–15mal kleiner als im Erz, was die im Vergleich zu Kupfer höhere Löslichkeit des Molybdäns in der Oxydationszone anzeigt.

Die Wirksamkeit der biogeochemischen Prospektionsmethode hängt von geologischen und bodenklimatischen Bedingungen ab. Der Teufenbereich, der mit dieser Methode erfaßt wird, erhöht sich in Gegenden mit einem trockenen Klima, bei dem die mit Molybdän angereicherten Grundwässer auf kapillarem Wege aufsteigen können. Außerdem zwingt der Mangel an Feuchtigkeit die Pflanzen tiefer zu wurzeln. Dadurch kommen sie oft in einen unmittelbaren Kontakt mit den Erzen oder dem Kapillarwasser.

Für das Klima des gebirgigen Kadsharaner Bezirkes ist eine relativ große jährliche Niederschlagsmenge charakteristisch (bis 600 mm). Die ungleichmäßige Verteilung dieser Menge auf die einzelnen Jahreszeiten führt jedoch zu einer hohen Austrocknung des Bodens in der zweiten Sommerhälfte besonders an den südlichen Berghängen, die in der Regel mit xerophytischer Vegetation bedeckt sind (Astragalus, Thymian, Immortellen); die nördlichen Hänge sind oft bewaldet (Eichengebüsch, Weißbuche).

Die biogeochemische Methode wurde zunächst auf dem geologisch schon eingehend bekannten Hauptteil der Lagerstätte Kadsharan einer Prüfung unterzogen. Entlang von 11 Profilen mit einem Abstand von je 100 m durch das erzführende Gebiet wurden Boden- und Pflanzenproben im Abstand von 20 m entnommen.

Die Bestimmung des Molybdäns erfolgte kolorimetrisch mit Rhodanid mittels einer Schnellmethode und die des Kupfers mit Diäthyldithiocarbamat. Bei der Bestimmung von Molybdän in Proben mit hohen Kupfergehalten mußte auf die Verwendung von $SnCl_2$ als Reduktionsmittel verzichtet werden, weil sich in diesen Fällen Niederschläge bilden, welche die Kolorimetermessung stören. Zur Reduktion des Eisens und des Molybdäns wurde Thioharnstoff verwendet.

[1]) „Raswedka i Ochrana Nedr", 1959, Heft 1, Seite 19–22

Die Bestimmung des Molybdäns und des Kupfers in Böden und Pflanzen geschieht auf folgende Weise: 5 g der Bodenprobe oder der Pflanzenasche werden mit 2 g kristallinem wasserhaltigem Kaliumbisulfat vermengt und in einem Porzellantiegel bei 500° in einem Muffelofen geschmolzen. Die Schmelze wird in 10 ml heißer 20prozentiger Salzsäure aufgelöst. Die Lösung wird gefiltert, in einen Meßzylinder gegeben und auf 15 ml aufgefüllt. Aus dieser Menge werden mittels einer Pipette 5 ml für die Kupferbestimmung entnommen, die restlichen 10 ml werden zur Molybdänbestimmung verwendet.

Molybdänbestimmung

Zu den 10 ml der Lösung werden 1 ml 2prozentige $CuSO_4$-Lösung und 2 ml 10prozentiger Thioharnstoff gegeben. Die erhaltene Lösung wird geschüttelt; nach 5 Minuten werden 2 ml 25prozentiges Rhodanammonium hinzugegeben. Die so erhaltenen 15 ml Lösungen werden gut durchgemischt. Nach 20 Minuten wird der Orangefarbton der Probenlösung mit den Standardproben verglichen, die auf die gleiche Weise hergestellt wurden. Bei sehr niedrigen Molybdängehalten in der Probe werden vor der Kolorimeterbestimmung 0,01 mg Molybdänstandardlösung zugegeben.

Kupferbestimmung

2 ml der Lösung werden in einen 150 ml-Absetztrichter gegeben. Es werden je 5 ml 20prozentiges Ammoniumzitrat, 20prozentiges Ammoniak und 0,1prozentige wäßrige Lösung von Natriumcarbamat zugegeben. Die Lösung wird geschüttelt; dann werden drei Tropfen Butylalkohol und 7 ml Petroleumäther hinzugefügt. Nach einer weiteren intensiven minutenlangen

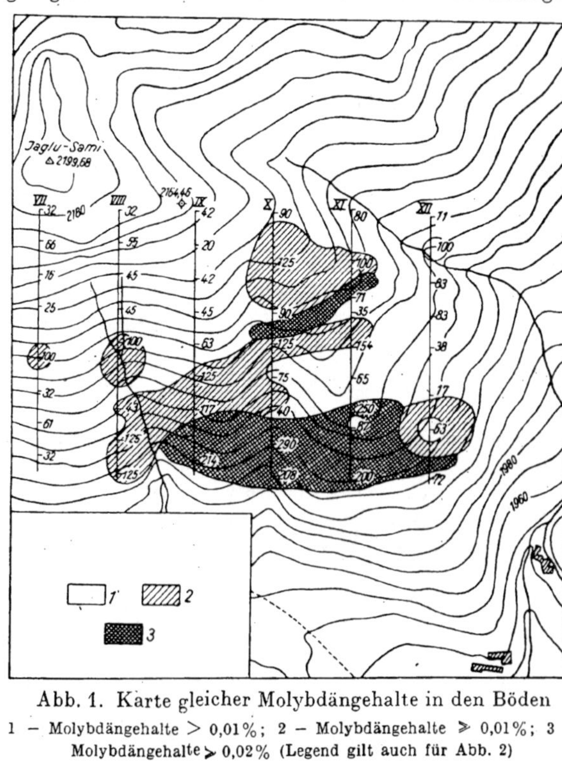

Abb. 1. Karte gleicher Molybdängehalte in den Böden
1 – Molybdängehalte > 0,01%; 2 – Molybdängehalte ≥ 0,01%; 3 – Molybdängehalte ≥ 0,02% (Legend gilt auch für Abb. 2)

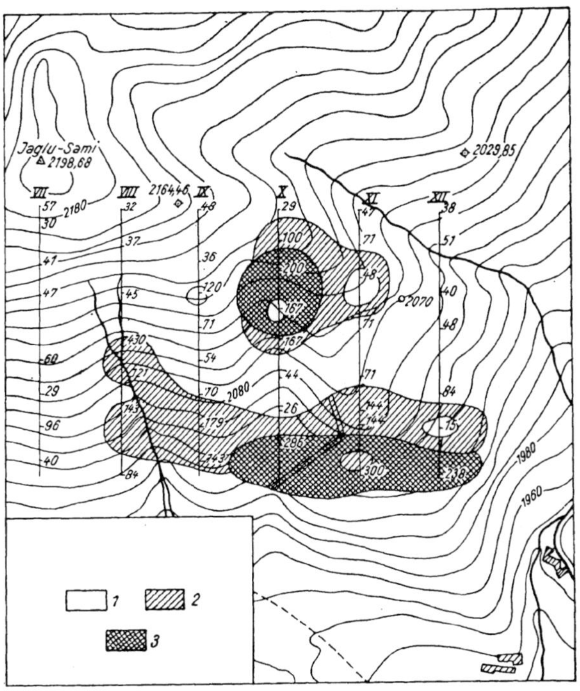

Abb. 2. Karte gleicher Molybdängehalte in Pflanzenaschen

Durchmischung bleibt die Lösung in Ruhe, bis sich die wäßrige Schicht von der Ätherschicht getrennt hat. Das Kupfercarbamat geht in die Ätherschicht. Der wäßrige Teil der Lösung wird in ein anderes Gefäß dekantiert; der Rest verbleibt im Trichter. Die Extrahierung wird mit 3 ml Äther wiederholt. Der erhaltene Ätherextrakt wird mit dem im Trichter verbliebenen Teil vereinigt. Bei hohen Eisengehalten in der Probe geht zusammen mit dem Kupfer teilweise der Eisencarbamatkomplex in den Äther über, was zu einer Erhöhung der Kupferwerte führt. Zur Kontrolle wird der Kupferkomplex im Äther mit 5 ml 3prozentigem Ammoniumazetat ausgewaschen. Dabei verschwindet die dunkelbraune Färbung und das Eisen in Form einer dunklen Schicht wird mit der wäßrigen Schicht dekantiert. Die Ätherlösung wird abgetrennt und ihre optische Dichte bestimmt. Der Kupfergehalt wird aus einer Eichkurve ermittelt, die mit Hilfe von verschiedenen Kupfermengen (von 0,005 bis 0,05 mg) in je 10 ml erhalten wurde.

Methodik der Erkundungsarbeiten

Der Molybdängehalt in Böden und Pflanzen steht in den meisten Fällen in einer Wechselbeziehung zu der Topographie des erzführenden Gebietes. Es wurde die Molybdänverteilung entlang von Horizonten des bodengeologischen Profiles untersucht. Zu diesem Zweck wurden Boden- und Gesteinsproben aus je fünf Schnitten bis zu einer Tiefe von 140 cm entnommen: von 0 bis 10 mm, von 25 bis 35 cm, von 50 bis 60 cm, von 100 bis 110 cm und von 130 bis 140 cm. Die Entnahme erfolgte mit einem eigens zu diesem Zweck vom Verfasser entwickelten Probeentnehmer.

Die Analysenergebnisse zeigten, daß sich über dem vererzten Gebiet der Molybdängehalt gesetzmäßig mit der Tiefe erhöht. An Stellen, wo kein Erz vorliegt, nimmt der Molybdängehalt bei Tiefen über 1 m stark ab. In einer Reihe von Fällen ist der Molybdängehalt in der oberen Humusschicht höher als in einer Tiefe von 25 bis 50 cm. Manchmal können außergewöhnlich hohe Molybdänkonzentrationen in einem Zwischenhorizont durch mechanische Zerstörung der Bodenschichten (Ackerbau auf steilen Abhängen) erklärt werden.

Ein sicheres Kriterium bei der Prospektion auf Kupfer und Molybdän ist eine Konzentration dieser Elemente in Pflanzen. Die vorläufigen Ergebnisse von Kadsharan zeigten, daß in allen Pflanzen über dem vererzten Gebiet angehäuft Molybdän gefunden wird. Dabei ist die Konzentration von Molybdän i. a. in den Blättern höher als in der Wurzel oder im Stamm.

Die Abb. 1 zeigt eine Karte gleicher Molybdänkonzentrationen in den Böden der südlichen Abhänge des Jaglu-Sami. Aus der Karte sind Gebiete mit erhöhten und niedrigeren Molybdängehalten ersichtlich. Durch die von einer geologischen Erkundungsgruppe im Gebiet einer Anomalie (Stollen 42) durchgeführten bergmännischen Arbeiten wurde ein neues Gebiet mit industriell verwertbaren Gehalten an Kupfer und Molybdän im Erz entdeckt.

Gemäß dem Prinzip der organogenen Anhäufung von Metallen im Bodenhumus müssen die Karten der Bodenaufnahme und der biogeochemischen Aufnahme zueinander in einer Wechselbeziehung stehen. Für die Anfertigung der biogeochemischen Karte wurden die Analysenwerte auf Molybdän von Pflanzen verwendet, die auf den gleichen Profilen und von den gleichen Punkten entnommen wurden wie auch die Bodenproben. Insgesamt wurden 19 Profile auf einer Fläche von rd. 2 km^2 untersucht.

Die Abb. 2 zeigt eine Karte gleicher Molybdänkonzentrationen in Pflanzenaschen (Astragalus, Johanniskraut, Thymian, Betonien) vom linken Ufergebiet des Flusses Ochtschi (am Jaglu-Sami). Auf der Karte kann man am Südostabhang des Jaglu-Sami Gebiete mit erhöhten Molybdängehalten erkennen. Diese Gebiete entsprechen denen auf der Karte der Bodenaufnahme. Die zweite Karte bestätigt folglich die Richtigkeit der ersten Voraussage auf Grund der Bodenuntersuchungen.

Durch bergmännische Auffahrungen wurde bestätigt, daß die Konturen der Reicherzgebiete fast genau den Umrissen entsprechen, innerhalb derer ein erhöhter Molybdängehalt in den Pflanzenaschen gefunden wurde.

Schlußfolgerungen

1. Die sulfidische Kupfer-Molybdänvererzung in den hydrothermal umgewandelten Monzoniten der Umgebung von Pirdoudan läßt sich leicht von der Oberfläche aus mit Hilfe der Verbreitungshöfe der erzbildenden Elemente bestimmen. Die Böden und die Pflanzen innerhalb des Lagerstättengebietes weisen im Vergleich zu ihren gewöhnlichen Gehalten außerhalb der Lagerstättenumgrenzungen eine um das Zehn- bis Hundertfache erhöhte Konzentration an Molybdän und Kupfer auf.

2. Durch die geochemischen Untersuchungen wurde eine geradlinige, korrelative Abhängigkeit zwischen den Kupfer- und Molybdängehalten im Erz, in den Böden und in den Pflanzen nachgewiesen. Ein chemischer Zusammenhang zwischen den tieferen Schichten und der Oberfläche besteht bis zu einer Tiefe von einigen zehn Metern.

3. Mit Hilfe der Karten für gleiche Molybdängehalte in Böden und Pflanzen konnten die Verbreitungshöfe auf dem höffigen Teil des linken Ochtschiufers festgelegt werden. Bei bergmännischen Arbeiten in diesen Anomalien wurde industriell verwertbares Erz angetroffen.

Über die Untersuchung der Variationskoeffizienten polnischer Erzlagerstätten [1)]

ROMAN KRAJEWSKI, Krakau

In Anlehnung an die mathematische Definition des Variationskoeffizienten für die Lagerstättenparameter stellt Verf. Erwägungen über die Lagerstättengliederung auf der Grundlage der Größe dieses Veränderlichkeitsmaßes an. Er untersucht die für die beiden Parameter Gehalt und Mächtigkeit berechneten Variationskoeffizienten einiger Zink- und Blei-, Kupfer-, Eisenerz- und Pyritlagerstätten der Volksrepublik Polen. Verf. behandelt dabei zugleich den Charakter des Beobachtungsmaterials, die Streuung der Variationskoeffizienten und ihren Zusammenhang mit dem Größenwert des ihnen entsprechenden Parameters. Abschließend gibt er einige Hinweise hinsichtlich der Wahl der geeigneten Variationskoeffizienten und führt auf ihrer Grundlage eine Einteilung der untersuchten Lagerstätten durch. Die Redaktion

Unter der Veränderlichkeit einer Lagerstätte versteht man das Auftreten ungleichartiger Werte, die solche Parameter wie die Mächtigkeit, den prozentualen Gehalt und das Raumgewicht an verschiedenen Punkten der Lagerstätte annehmen.

Die in Hinsicht auf diese Parameter vorliegende Veränderlichkeit der Lagerstätte bestimmen wir mit Hilfe des Variationskoeffizienten nach der Formel

$$V = \frac{100}{c}\sqrt{\frac{\Sigma\, x^2}{n-1}}\ \%$$

wobei c — arithmetisches Mittel des gegebenen Parameters aus allen vorhandenen Beobachtungsdaten innerhalb des Lagerstättenbereichs oder ihres erforschten Teiles,
x — Abweichungen der einzelnen Beobachtungen vom arithmetischen Mittel und
n — Anzahl der vorhandenen Beobachtungswerte.

Außerdem werden nachstehende Bezeichnungen benutzt:

c_m und c_p — mittlere Mächtigkeit und mittlerer prozentualer Gehalt an nutzbarer Komponente;
V_m und V_p — Variationskoeffizienten.

Je nach der Größe des Variationskoeffizienten für die nutzbare Komponente (V_p) wird in der Sowjetunion die Aufteilung der Lagerstätten in fünf Gruppen vorgenommen:

Gruppe	Mineralisation	V_p %
I	sehr gleichmäßig	unter 20
II	gleichmäßig	20 – 40
III	ungleichmäßig	40 – 100
IV	sehr ungleichmäßig	100 – 150
V	extrem ungleichmäßig	über 150

Der Variationskoeffizient für die Mächtigkeit wird seltener berücksichtigt, weil die Mächtigkeit allgemein nur geringen Veränderungen unterliegt, während die Veränderlichkeit des Raumgewichtes — als am wenigsten charakteristisch — nur ausnahmsweise herangezogen wird.

In Polen wurden bisher keine Untersuchungen über die Veränderlichkeit von Lagerstätten durchgeführt, wenn auch dieses Problem in einer etwas anderen Darstellung in der Arbeit von W. BUDRYK (1) über ein Thema der Probenahme behandelt wird und sich auch in einer Reihe von Publikationen A. TREMBECKIs (5, 6) vorfindet.

Im Rahmen der Arbeiten der Sektion Geologie der Polnischen Akademie der Wissenschaften werden vom Verf. seit dem Jahre 1953 Untersuchungen auf diesem Gebiet auf inländischen Erzlagerstätten durchgeführt. Die Untersuchungen umfassen das Zusammentragen von Werten und die rechnerische Auswertung der Ergebnisse.

Vorläufig wurden Blei-Zink-, Kupfererz-, Pyrit- und Eisenerzlagerstätten untersucht, wobei die Veränderlichkeit der nutzbaren Komponente und der Mächtigkeit geprüft wurden. Die statistischen Werte stammen aus Grubenaufschlüssen vor Ort; teilweise handelt es sich um Bohrmaterial. Vergleiche von Ergebnissen zwischen den einzelnen Lagerstätten könnten also zu Vorbehalten führen. Grundsätzlich wurden nur Angaben aus Lagerstättenteilen berücksichtigt, die bereits abgebaut wurden, um die Möglichkeit zu erhalten, die gewonnenen Werte mit den bei der Produktion erzielten Ergebnissen zu vergleichen.

Die oberschlesischen Blei- und Zinkerzlagerstätten

Die Lagerstätten haben den Charakter flachliegender Flöze und Linsen, die mit der hydrothermalen Metasomatose bestimmter Bänke im Bereich der Karbonatgesteine verknüpft sind.

Die gesammelten Daten stammen von sieben Erzfeldern, die teilweise im westlichen (Felder $ABCD$) und teilweise im östlichen Teil des erzführenden Gebietes gelegen sind. Im Bereich dieser sieben Felder wurden 58 Blöcke von je einem Hektar Fläche berücksichtigt.

Die Beobachtungen in den Blöcken umfaßten die Ergebnisse von den in den Strecken durchgeführten Versuchen, ohne dabei die ganze Lagerstättenmächtigkeit zu berücksichtigen, weil die Mächtigkeit der Lagerstätte in der Regel größer ist als die Höhe der Strecken. Die Veränderlichkeit der Mächtigkeit und die Veränderlichkeit des Gehaltes der nutzbaren Komponente über den ganzen Lagerstättenquerschnitt wurde am Beispiel des Feldes A charakteristisch dargestellt, wobei die dort vorhandenen zahlreichen Schächte und Untersuchungsfirstbaue ausgenutzt wurden. Die Untersuchungsergebnisse sind in der Tabelle 1 zusammengestellt, wobei die Anzahl der Beobachtungen, ihre

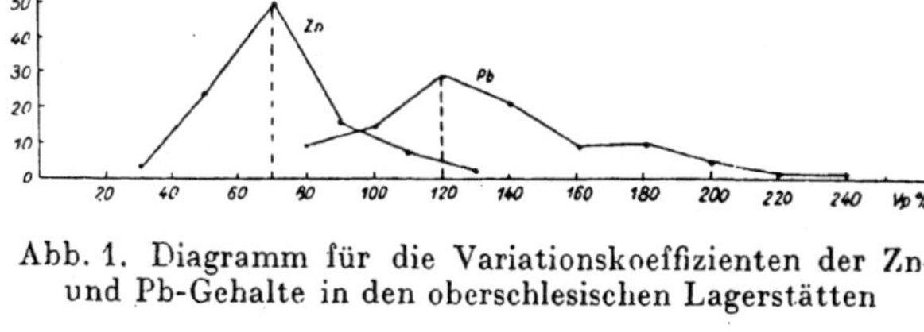

Abb. 1. Diagramm für die Variationskoeffizienten der Zn- und Pb-Gehalte in den oberschlesischen Lagerstätten

[1)] Aus: Wissenschaftliche Hefte der Bergakademie in Krakau, Nr. 9, „Geologia" Z. 1., Jg. 1956
Nach dem polnischen Original („Z badań nad wskaźnikami zmienności polskich złóż kruszcowych"), ins Deutsche übersetzt von VALERIA HOFFMANN.

Tabelle 1

Block-Nr.	Anzahl der Beobachtungen	im Mittel % Zn	V_{Zn} %	im Mittel % Pb	V_{Pb} %
A_2/I	25	8,02	54	0,3	92
A_2/II	52	7,1	62	0,45	123
A_2/III	16	8,84	75	1,04	155
A_3/I	78	16,3	64	1,32	152
A_3/II	68	6,88	69	0,44	118
A_4/I	55	5,94	78	0,81	135
A_4/II	59	13,48	69	1,33	180
A_5/I	40	8,62	62	0,65	97
A_5/II	48	10,64	62	0,48	107
A_6/I	58	9,98	76	0,448	104
A_6/II	61	14,46	86	0,51	97
A_7/I	68	10,04	80	0,6	111
A_7/II	62	11,07	98	0,62	127
A_8/I	69	14,86	52	0,56	170
A_8/II	53	12,66	63	0,45	226
A_9/I	74	14,8	67	0,78	202
A_9/II	20	15,2	61	0,105	231
A_{10}/I	86	23,3	52	1,32	175
A_{10}/II	71	31,8	50	1,52	140
für das Feld A	1063	13,7	83	0,78	182
B_2/I	60	3,96	73	0,4	188
B_2/II	91	3,67	86	0,49	173
B_3/I	72	3,47	139	0,61	134
B_3/II	44	6,75	70	0,47	85
B_4/I	47	15,78	57	1,79	98
B_4/II	64	10,5	79	0,72	117
für das Feld B	378	6,7	106	0,7	147
C_1/I	36	5,54	85	2,57	195
C_1/II	55	7,36	70	2,93	153
C_1/III	22	9,51	66	1,65	129
C_1/IV	11	7,7	47	6,17	123
C_2/I	37	8,86	104	1,94	181
C_2/II	32	13,13	69	4,2	122
C_2/III	25	9,18	78	1,72	185
C_2/IV	29	10,85	106	1,21	196
C_3/I	13	11,7	94	10,4	142
C_3/II	37	10,32	66	9,72	128
C_3/III	19	10,2	55	13,06	81
C_3/IV	37	8,76	46	9,43	133
C_4/I	35	10,7	60	5,6	84
C_4/II	38	9,37	51	4,97	115
C_4/III	28	11,58	65	4,3	95
C_4/IV	23	7,09	61	3,37	145
für das Feld C	477	9,36	76	4,8	157
D_1/I	46	4,59	82	0,59	127
D_1/II	19	5,86	61	0,91	129
D_1/III	40	7,6	79	0,5	89
für das Feld D	105	6,00	81	0,61	129
E_1/I	47	8,66	78	15,72	89
E_1/II	59	14,44	50	8,81	124
E_1/III	27	7,64	78	6,75	137
E_1/IV	46	7,45	68	7,81	126
für das Feld E	179	10,01	70	10,06	117
F_1/I	42	3,8	42	2,12	117
F_1/II	55	3,78	44	1,01	154
F_2/I	43	3,67	47	3,94	117
F_2/II	59	7,07	78	3,39	138
F_3/I	49	8,09	85	1,94	139
F_3/II	49	7,6	107	0,96	147
F_4/I	61	3,38	123	5,37	101
F_4/II	36	5,18	82	4,64	121
für das Feld F	394	5,44	99	2,9	147
G_1/I	44	2,54	44	1,16	139
G_1/II	44	2,9	32	3,0	112
für das Feld G	88	2,75	36	2,07	134
f. d. Gesamtgebiet	2684	9,85	95	2,45	222

Mittelwerte und die Variationskoeffizienten für Blei und Zink für die einzelnen Blöcke und Felder und ebenfalls für das gesamte Gebiet angegeben sind.

Werden die für die einzelnen Blöcke berechneten Variationskoeffizienten in Klassen eingruppiert, so erhält man Diagramme, wie in Abb. 1 dargestellt. Sie sind von symmetrischer Form; die maximalen Häufigkeiten liegen für Zink bei $V = 70\%$ und für Blei bei $V = 120\%$. In Abb. 2 ist die Beziehung zwischen der Größe des Variationskoeffizienten und der Höhe des prozentualen Metallgehaltes dargestellt. Hier sieht man die sehr starke Streuung der Variationskoeffizienten bei geringen und ihre deutliche Konzentration bei höheren Gehalten. Charakteristisch ist auch die Asymmetrie der Felder, welche die gesamten Indexe umfassen, sowie eine gewisse Unabhängigkeit der minimalen Indexwerte vom Gehalt. Auf dieser Grundlage könnte man zu der Schlußfolgerung kommen, daß sich gewöhnlich die Größe des Variationskoeffizienten bei höheren Metallgehalten verringert und sich einem bestimmten, von dem prozentualen Gehalt unabhängigen Minimum nähert. Dieses Minimum beträgt für Zink ungefähr 50%, für Blei ca. 80%.

Die Ergebnisse der im Felde *A* über den gesamten Lagerstättenquerschnitt durchgeführten Untersuchungen sind in der Tabelle 2 zusammengestellt. Sie lehnen sich ziemlich eng an die für das Gesamtgebiet aus den häufigsten Werten errechneten Mittelwerte an.

Es wurde auch versucht, die Veränderlichkeit der oberschlesischen Zink-Bleilagerstätten mittels Spezialuntersuchungen zu prüfen. Zu diesem Zweck wurden in einer der Strecken des Feldes *A* zuerst drei klassische Schlitzproben — eine neben der anderen — und weiter innerhalb der Konturen jedes Schlitzes je 10 Pickproben, wie sie in den Grubenbauen allgemein angewandt werden, entnommen. Es ergab sich, daß der Variationskoeffizient bei den nebeneinander entnommenen Pickproben

für Zink = 14–26% bei ca. 17% mittlerem Gehalt und

für Blei = 4–27% bei ca. 0,3% mittlerem Gehalt

beträgt.

Da jedoch der Variationskoeffizient bei den Schlitzproben für Zink 18% und bei den 20 Pickproben von anderen Punkten derselben Strecke ebenfalls 18% für Zink und 32% für Blei betrug, scheinen größere Veränderungen im Vererzungsgrad selbst in der näheren Nachbarschaft unzweifelhaft zu sein.

Auf derselben Strecke, in welcher die Veränderlichkeit der direkt nebeneinander entnommenen Pick- und Schlitzproben miteinander verglichen wurde, kam es nochmals zur Probeentnahme an 84, in jeweils 1 m voneinander entfernten Punkten. Bei einem mittleren Gehalt von 14,1% Zn sowie 0,61% Pb wurden ein $V_{Zn} = 49\%$ und ein $V_{Pb} = 81\%$ gefunden. Diese Werte entsprechen ausgezeichnet den minimalen Variationskoeffizienten, die bei den Untersuchungen der Blöcke ermittelt wurden, so daß diese Konvergenz nicht als Zufall betrachtet werden kann. Außerdem könnte man auf den Gedanken kommen, daß ein Zusammenhang zwischen der Größe des Variationskoeffizienten und der Entfernung der Probenahmepunkte besteht.

Die niederschlesische Pyritlagerstätte

Die Lagerstätte präsentiert sich als eine stark geneigte, mit Pyrit imprägnierte Serie kristalliner Schiefer

Tabelle 2

	Im Gesamtschnitt	Im Teilschnitt	Die Werte für das gesamte Gebiet
Anzahl der Beobachtungen	180	1063	
Mittlere Mächtigkeit	7,15 m	1,93 m	
V_m	27	–	
% Zn im Mittel	8,68	13,7	
V_{Zn}	60	83	70
% Pb im Mittel	0,64	0,78	
V_{Pb}	112	182	120

Die vorhandenen Daten stammen von 13 Erkundungsbohrungen, die quer zur Erstreckung der Lagerstätte in einer Linie niedergebracht wurden. In den Profilen benachbarter Bohrungen wiederholen sich bestimmte Abschnitte innerhalb des Querprofils. Die Analysenergebnisse der Kernproben werden als einzelne Beobachtungen behandelt; sie entsprechen den Profilabschnitten von ungefähr einem Meter. Bei Berechnung der Variationskoeffizienten für die Pyritmineralisierung wurden die ärmeren, äußeren Lagerstättenpartien besonders behandelt.

Die Untersuchungsergebnisse sind in Tabelle 3 angeführt.

Die häufigsten Variationskoeffizienten liegen zwischen 30 bis 40%, wie man aus dem Diagramm (Abb. 3) ersehen kann, in dem die Abhängigkeit des Variationskoeffizienten vom Pyritgehalt dargestellt ist. Hier ist gleichfalls eine gewisse Unabhängigkeit der minimalen Werte für den Variationskoeffizienten von der Größe des Parameters — ähnlich wie bei den Blei-Zinklagerstätten — zu erkennen.

Die Kupfererzlagerstätten

Die Lagerstätte ist als ein kupferführendes Mergelflöz sedimentärer Herkunft ausgebildet. Die Werte wurden von zwei Bergbaufeldern (L, N) zusammengetragen. Sie beziehen sich auf die in den Strecken ermittelten Mächtigkeiten sowie auf die Kupfergehalte von Schlitzproben, die quer über das ganze Erzflöz entnommen wurden.

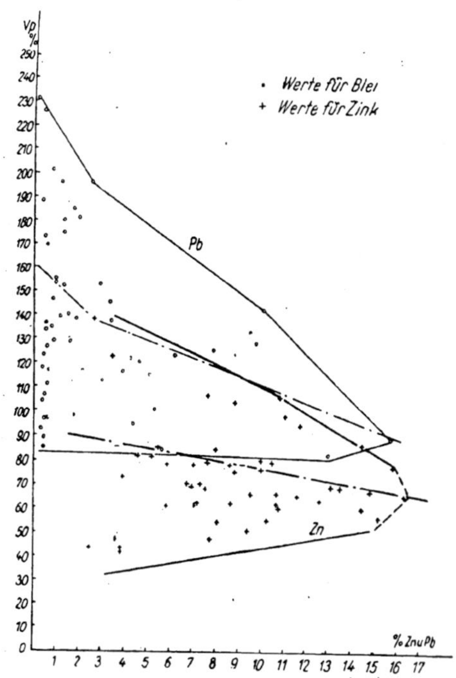

Abb. 2. Die Abhängigkeit des Variationskoeffizienten V_p vom Prozentgehalt der oberschlesischen Zink- und Bleilagerstätten

Die Untersuchungsergebnisse sind in Tabelle 4 für die einzelnen Blöcke und für das Gesamtgebiet zusammengestellt. Die geringe Anzahl von Daten gestattet weder die Aufstellung eines Diagramms noch die Ermittlung des Zusammenhanges zwischen den Variationskoeffizienten und den Parametergrößen. Doch ist eine Häufung der Variationskoeffizienten beider Parameter im Bereich von 10 bis 20% deutlich zu erkennen, was von einer großen Regelmäßigkeit der Lagerstätte zeugt und auch in den kaum höheren Variationskoeffizienten für das Gesamtgebiet zum Ausdruck kommt.

Die Eisenerzlagerstätten

Die tonigen Sideritlagerstätten sedimentärer Herkunft im Gebiet von Czenstochowa (Dogger) und im Gebiet des Swientokrzyskie-Gebirges (Polnisches Mittelgebirge) (Lias) wurden ebenfalls untersucht. Die vorhandenen Daten beziehen sich auf die Mächtigkeiten und Eisengehalte, die auf Grund von Bohrungen er-

Tabelle 3

Herkunft der Proben	Anzahl der Proben	im Mittel % FeS_2	V_{FeS_2} %	
1	68	6,9	82	
2/a	25	1,92	44	Randpartien
2/b	39	14,18	60	
3/a	35	1,02	72	Randpartien
3/b	45	2,20	33	Randpartien
3/c	21	8,81	53	
4	98	2,4	36	Randpartien
9	80	13,3	62	
10	55	14,36	39	
11	69	16,68	42	
12	10	15,4	45	
13	25	6,94	35	
reiche Partien	367	11,10	84	
arme Partien	203	2,05	49	
insgesamt	570	7,84	110	

Tabelle 4

Nr. des Blocks	n_m	Mächtigkeit	V_m %	im Mittel % Cu	V_{Cu} %
L/1	40	1,84	19	0,81	18
L/2	28	1,88	12	0,78	15
L/3	37	1,85	9	0,76	17
L/4	19	1,82	13	0,67	24
L/5	37	0,97	17	0,68	14
L/6	11	2,04	14	0,63	21
L/7	16	1,81	17	0,55	33
L/8	12	2,18	9	0,47	18
L/9	22	2,11	14	0,61	12
N/1	37	2,23	9	0,5	22
N/2	33	1,77	19	0,46	27
Gesamtgebiet	292	1,94	17	0,65	26

Tabelle 5

Feld	Mächtigkeit			Fe-Gehalt		
	n_m	m_{sr} w cm	V_m %	n_p	im Mittel % Fe	V_p %
C–1	41	17,5	71	30	34,18	10
C–2	99	16,8	70	44	34,04	10
C–3	74	17,9	39	78	35,73	8

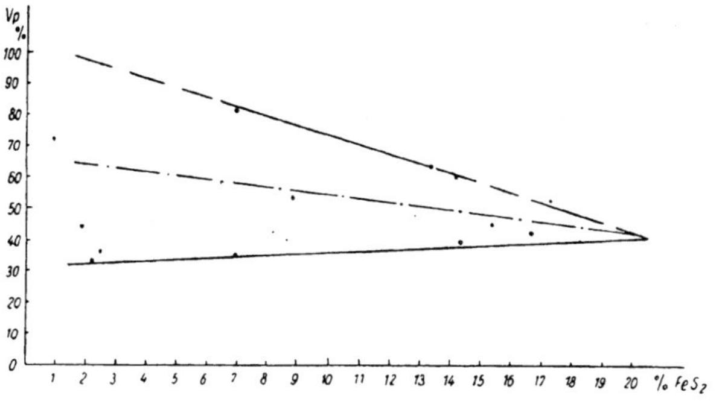

Abb. 3. Die Abhängigkeit des Variationskoeffizienten V_p vom Prozentgehalt in einer niederschlesischen Pyritlagerstätte

mittelt wurden. Die Lagerstätten wurden nur vom geologischen und nicht vom industriellen Gesichtspunkt behandelt. Im Bereich des ausgeschiedenen stratigraphischen Horizontes (Erzlagers) wurden demnach alle makroskopisch festgestellten geringmächtigen Erzschichten berücksichtigt unabhängig davon, ob einige von ihnen wegen zu geringer Mächtigkeit oder wegen eines zu geringen Eisengehaltes oder auch infolge ihrer Lage außerhalb der exploitierten Teile des Erzlagers nicht abgebaut werden.

Da jedoch eine chemische Analyse nur von einigen geringmächtigen Schichten durchgeführt werden konnte, war es nicht möglich, den mittleren Gehalt in den einzelnen durch die Lagerstätte gelegten Profilen zu bestimmen, so daß bei der Berechnung des Variationskoeffizienten für den Eisengehalt jede vorhandene Analyse von den einzelnen geringmächtigen Schichten als unabhängige Beobachtung behandelt wurde. Die Untersuchungsergebnisse von drei Feldern im Czenstochowaer Gebiet sind in Tabelle 5 angegeben.

Die Berechnungen beziehen sich auf das sogenannte Liegendflöz, welches damit aber noch nicht völlig charakterisiert wird, weil bei dem angewandten Bohrsystem die weicheren Erzschichten sicherlich ausgewaschen wurden. Man könnte hier höchstens von der Charakteristik der Ausbildung des harten Erzes spre-

Tabelle 6

Flöz	Feld	Mächtigkeit n	Mächtigkeit $m_{śr}$ w cm	Mächtigkeit Vm %	Eisengehalt n	Eisengehalt im Mittel % Fe	Eisengehalt Vp %
Ia	S_1	34	24	38	74	29,5	19
	S_2	16	13,2	90	20	30,5	18
	S_3	29	19,5	79	47	28,3	23
Gesamtgebiet		79	20,2	56	141	28,6	26
Ib	S_1	44	26,2	54	99	32,7	17
	S_2	17	21,2	84	32	30,5	13
	S_3	34	22	60	65	28,3	23
	S_4	27	21	47	49	28,6	25
Gesamtgebiet		122	23,2	58	245	30,4	20
II	S_1	82	29,3	46	208	29,0	24
	S_2	45	19,4	61	119	30,7	19
	S_3	79	12,6	75	86	28,7	22
	S_4	31	11,2	97	19	27,8	25
Gesamtgebiet		237	19,5	73	432	29,5	26
III	S_1	61	32,6	38	190	29,5	19
	S_2	49	24,7	57	157	29,6	22
	S_3	113	24,7	67	238	28,8	18
	S_4	35	28,6	37	95	28,6	21
Gesamtgebiet		258	27	60	680	29,2	18

chen. Es zeichnet sich durch einen starken Wechsel der Mächtigkeiten aus; hinsichtlich des Eisengehaltes dagegen weist es eine größere Regelmäßigkeit auf.

Wegen der unvollständigen Beobachtungen sind vorerst weitere Untersuchungen im Czenstochowaer Gebiet eingestellt worden.

Im Gebiet von Końskie werden die Bohrungen bei gleichzeitiger voller Kernung durchgeführt, können also auch keine Vorbehalte hervorrufen. Die Daten betreffen vier Felder (S – 1, S – 2, S – 3, S – 4) und vier Flöze, die aus der dortigen Liasserie ausgeschieden wurden. Die Untersuchungsergebnisse sind in nachstehender Tabelle 6 zusammengestellt.

Zu beachten wäre hier der hohe Variationskoeffizient für die Mächtigkeiten, der meist ca. 60% beträgt, im Gegensatz zu dem ziemlich geringen, nur 20–25% betragenden Variationskoeffizienten für den Eisengehalt. In einzelnen Fällen stimmen die Variationskoeffizienten mit den Erfahrungen des Bergbaus auffallend überein; sie weisen dabei auf mehr oder weniger regelmäßige Felder hin und heben die allgemeine Gleichmäßigkeit der Flöze III und Ib im Gegensatz zu den Flözen II und Ia, die erheblichen lokalen Veränderungen unterliegen, hervor.

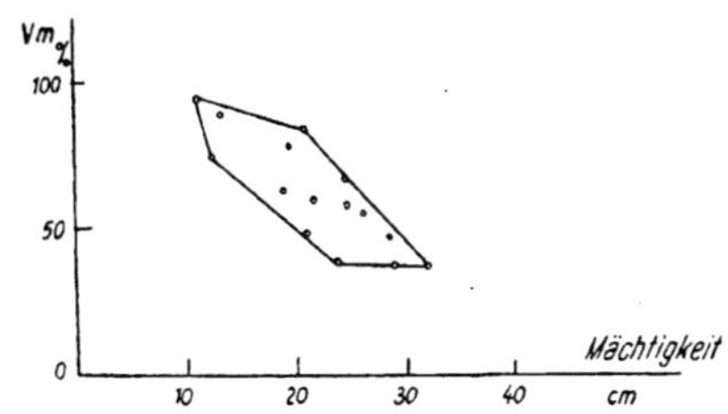

Abb. 4. Der Zusammenhang zwischen dem Index V_m und dem Mächtigkeitsparameter für Lias-Eisenerzlagerstätten im Gebiet von Konskie

Auch kann man einen deutlichen Zusammenhang zwischen der Größe des Variationskoeffizienten für die Mächtigkeit und der Höhe der Mächtigkeit, wie aus Abb. 4 ersichtlich, beobachten. Da sich mit Zunahme der Mächtigkeit der Variationskoeffizient verringert, könnte man seine Konstanz bei einer gewissen Mächtigkeit – im gegebenen Fall vielleicht schon bei über 50 cm – erwarten.

Schlußfolgerungen

Der Hauptzweck der begonnenen Untersuchungen über die Variationskoeffizienten für Lagerstätten der Volksrepublik Polen ist ein Vergleich der Veränderlichkeit verschiedener Lagerstätten untereinander sowie die Bestimmung der Netzdichte bei den Erkundungsarbeiten, die bei einer gegebenen Lagerstätte als die geeignetste zu betrachten ist. In Anknüpfung an diese Probleme, die jedoch noch eine besondere Bearbeitung erfordern, möchte ich hier gern einige, sich schon jetzt herausschälende Schlußfolgerungen zusammenstellen.

In erster Linie ist die starke Streuung der Variationskoeffizienten hervorzuheben. Daraus ergibt sich die Schwierigkeit, die richtigen Werte auszuwählen. Hohe Werte müssen meist als falsch betrachtet werden, da sie für zu große Gebiete berechnet wurden. In diese falschen Variationskoeffizienten geht sowohl die lokale als auch die regionale Veränderlichkeit ein, während die richtigen Variationskoeffizienten sich nur aus der lokalen Veränderlichkeit ergeben, wie es unter normalen Verhältnissen, bei denen die Erkundung von Lagerstätten auf relativ kleinen Feldern durchgeführt wird, meist der Fall ist.

Bei einer genügend großen Menge von Werten scheint der häufigste Wert am richtigsten zu sein, der zugleich das arithmetische Mittel der beobachteten Werte ist, falls eine symmetrische Anordnung der Variationskoeffizienten (z. B. bei den oberschlesischen Lagerstätten) besteht. Bei einer kleinen Zahl von Beobachtungen ist es aber richtiger, die Minimalwerte zu verwenden, weil — wie bereits bei den Blei-Zink- und Pyritlagerstätten festgestellt — diese Werte nicht unter ein bestimmtes Minimum fallen, von den häufigsten Werten nicht allzuweit entfernt liegen und von den Parameterwerten nur wenig abhängig sind.

Aus den an den Variationskoeffizienten für Teile oder für das gesamte Profil der Lagerstätte durchgeführten Untersuchungen kann man bei Anwendung der Schlitz- und Pickproben (in oberschlesischen Lagerstätten) folgern, daß die Variationskoeffizienten von der Art der Probenahme ziemlich unabhängig sind und erst sehr große Fehler bei ihrer Durchführung (Czenstochower Lagerstätten) als Ursache für nicht mehr mögliche Ergebnisvergleiche zu betrachten sind.

Die für die Lagerstätten der VR Polen ermittelten Variationskoeffizienten (die häufigsten Werte) gestatten nach der eingangs erwähnten, in der Sowjetunion angewandten Einteilung, die oberschlesischen Zinkerzlagerstätten zur Gruppe III, die niederschlesischen Pyritlagerstätten zur Gruppe II und die niederschlesischen Kupfererzlagerstätten sogar zur Gruppe I zu rechnen. Dagegen dürfen die Erzlagerstätten des Gebietes von Końskie wegen der Mächtigkeitsveränderungen nur in die Gruppe III eingestuft werden. Eine solche Einstufung der Lagerstätten im Gebiet von Końskie, die bei der Erkundung nicht vorauszusehen war, kann man sich durch die ziemlich große, erst beim Abbau festgestellte Veränderlichkeit und durch das weitmaschige Netz der Erkundungsarbeiten erklären.

Schließlich wäre noch zu betonen, daß einzelne Komponenten der polymetallischen Lagerstätten eine sehr verschiedene Veränderlichkeit auch dann aufweisen können, wenn sie genetisch zueinander sehr nahe stehen (z. B. Pb und Zn in den oberschlesischen Lagerstätten).

Literatur

BUDRYK, W.: Die wissenschaftliche Grundlage der Probenahme „Przeglad Górniczy" (Bergmännische Rundschau) H. 9, 1946, 1/2, 1947, H. 10, 1947.

JAKZIN, A. A.: Die Bemusterung und Untersuchung von Vorräten fester Bodenschätze. — Moskau 1954.

KRAJEWSKI, R.: Die Ermittlung der Veränderlichkeit der Lagerstätten und ihres geologischen Erforschungsgrades mittels Zahlenindizes. — „Przeglad Geologiczny" H. 4, Warszawa 1953.

SMIRNOW, W. I.: Die Vorratsbestimmung. — (Poln. Übersetzung aus dem Russ.), Warszawa 1954.

TREMBECKI, A.: Die Methodik der Vorratsbestimmung im Lichte der klassischen und statistischen Analyse. — Wissenschaftliche Hefte der Bergakad., „Bergbau", H. 1, Kraków 1954.

— Die Bestimmung der Dichte der Erkundungsarbeiten. — Wiss. Hefte der Bergakad., „Bergbau", H. 2, Kraków 1954.

Diskussionsbeiträge vom 1. Internationalen Kolloquium über Fragen der Vorratsklassifikation

Zur Klassifikation der Lagerstättenvorräte

I. MALYSCHEW, Moskau

In Bd. 5, Heft 4, 1959, S. 145 bis 147, brachten wir bereits einen kurzen Tagungsbericht vom I. Internationalen Kolloquium über Fragen der Vorratsklassifikation vom 27. bis 29. Januar 1959 in Berlin. In diesem Bericht kündigten wir an, daß Diskussionsbeiträge in unserer Zeitschrift veröffentlicht werden. Nachstehend bringen wir als ersten Beitrag die Ausführungen des Vorsitzenden der Staatlichen Vorratskommission beim Ministerrat der UdSSR, Dr. MALYSCHEW, Moskau. Die Redaktion

In der Sowjetunion existieren drei Klassifikationen für Vorräte: für feste mineralische Rohstoffe, für Erdöl und Erdgas sowie für das Grundwasser. Sie unterscheiden sich nicht prinzipiell voneinander. Gewisse Unterschiede sind bedingt durch die spezifischen Züge der Erkundung, der Vorratsberechnung und der Anforderung der Industrie.

Um diese Klassifikation besser verstehen zu können, gestatten Sie mir, Ihnen mitzuteilen, wie sie in der sowjetischen Praxis angewandt werden:

Das Bedürfnis nach einer einheitlichen Berechnung und Bilanzierung von Vorräten mineralischer Rohstoffe entstand bereits in den ersten Jahren der Konsolidierung der Sowjetmacht. Im zaristischen, zurückgebliebenen und halbkolonialen Rußland wurden fast keine geologischen Erkundungsarbeiten durchgeführt. Die Mehrheit der in jener Zeit bekannten Lagerstätten befand sich in den Händen verschiedener ausländischer Konzessionäre, die nur die reichsten Erze im Raubbau gewannen. Eine Bilanzierung der Bodenschätze erfolgte nicht.

In den ersten Jahren nach der Großen Sozialistischen Oktoberrevolution war außer wirtschaftlichen Schwierigkeiten das Fehlen von erkundeten Vorräten nutzbarer Bodenschätze eines der wesentlichsten Hindernisse für die Entwicklung der Bergwirtschaft.

Für die schnellste Rekonstruktion der durch die Kriege von 1914/1920 zerstörten Volkswirtschaft und die weitere planmäßige sozialistische Entwicklung aller Industriezweige war es daher erforderlich, in kürzester Frist alle Arten mineralischer Rohstoffe zu erkunden und ihre Vorbereitung für die industrielle Nutzung einzuleiten.

Die Kommunistische Partei und die Sowjetregierung, die der Schaffung einer ausreichenden mineralischen Rohstoffbasis in unserem Lande eine ungeheure Bedeutung beimessen, gewährleisteten durch ihre unermüdliche Sorge und tägliche Hilfe die Ausbildung eines viele Tausende umfassenden Kollektivs qualifizierter Geologen und die Durchführung geologischer Erkundungsarbeiten mit Hilfe der modernen Technik und moderner Apparaturen. Außer der technisch-materiellen Gewährleistung dieser Arbeiten wurden außerordentlich wichtige organisatorische Maßnahmen zur Festlegung eines Systems der Erkundung und Nutzung der Bodenschätze ergriffen, beginnend bei den Such- und Erkundungsarbeiten von Lagerstätten, über die Berechnung, Bestätigung und Bilanzierung von Vorräten an nutzbaren

Bodenschätzen, der Projektierung und den Aufbau von montanwirtschaftlichen Betrieben bis zur Gewinnung und dem Schutz der Bodenschätze.

Aus der Reihe der entsprechenden Beschlüsse der Regierung besitzen die vom Ministerrat der UdSSR bestätigten Klassifikationen der Lagerstättenvorräte größte Bedeutung. Sie bilden die hauptsächlichsten Richtlinien für Geologen, Projektanten und Arbeiter der Montanindustrie.

Infolge der von der Partei und Regierung ergriffenen Maßnahmen und der angestrengten, fruchtbaren Arbeit der sowjetischen Geologen wurde die jahrhundertelange Zurückgebliebenheit des zaristischen Rußlands auf dem Gebiete der Untersuchung und Erkundung der Bodenschätze überwunden. Es wurden zahlreiche Lagerstätten von Eisen-, Kupfer-, Buntmetall- und Titanerzen, von Erdöl und Erdgas, Kalisalzen, Diamanten, seltenen Metallen, Asbest und anderen mineralischen Rohstoffen entdeckt und erkundet.

Die in der UdSSR vorhandenen riesigen erkundeten Vorräte aller Arten mineralischer Rohstoffe gestatten es, den sowjetischen Geologen eine wichtige ökonomische Aufgabe zu stellen, nämlich neben der weiteren quantitativen Vergrößerung der Vorräte die günstigste Standortverteilung der mineralischen Rohstoffquellen und die Erhöhung der Qualität der neu zu erkundenden Vorräte zu gewährleisten.

Im 7-Jahr-Plan sind Such- und Erkundungsarbeiten auf reiche Lagerstätten vorgesehen, die ökonomisch günstig liegen und die die rationellste Standortverteilung der neuen Betriebe sicherstellen. Alle gegenwärtig in Betrieb befindlichen Montanbetriebe der UdSSR, darunter die Betriebe der Öl- und Gasindustrie, ferner die großen Wasserreservoire von Grundwässern, gründen sich auf die Vorräte mineralischer Rohstoffe, deren Qualität und Menge durch die Vorratskommission überprüft und bestätigt wurde.

Man muß bemerken, daß es in der Zeit, in der die Vorratskommission der UdSSR existiert, keine erheblichen Fehler in bezug auf die Menge der bestätigten Vorräte gegeben hat.

Lediglich in den ersten Jahren, als noch exakte Forderungen an die Vorratsberechnungen fehlten und für die Durchführung der Erkundungsarbeiten, desgleichen für die Berechnung der Vorräte und ihre Bestätigung nicht genügend Erfahrungen vorlagen, traten einzelne Fehler vorwiegend bei der Bewertung kleinerer Lagerstätten mit schwierigem geologischem Bau und nicht gesetzmäßiger Verteilung des mineralischen Rohstoffs auf. Es besteht daher kein Zweifel, daß die erkundeten und bestätigten Vorräte mineralischer Rohstoffe völlig real sind und die Entwicklung aller Zweige der Volkswirtschaft gewährleisten.

Die Schaffung der Vorratskommission fällt in die Jahre vor dem Inkrafttreten des ersten 5-Jahr-Planes, als das Problem der fehlenden Rohstoffbasis für die Schwerindustrie besonders schroff in Erscheinung trat.

1927 wurde aus den besten Geologen des Geologischen Komitees die Kommission für die Vorratsberechnung nutzbarer Bodenschätze geschaffen, der die Aufgabe gestellt war, allen Vorratszahlen, die vom Geologischen Komitee berechnet worden waren, Einheitlichkeit und Autorität zu verleihen.

1928 wurde diese Kommission in „Vorratskommission" umbenannt und 1930 als „Zentrale Vorratskommission" (ZKS) begründet. 1939 konstituierte sie sich als „Allunionsvorratskommission" (WKS), und 1954 wurde schließlich die „Staatliche Vorratskommission beim Ministerrat der UdSSR" (GKS) geschaffen, die das höchste staatliche Organ für die Bestätigung erkundeter Vorräte mineralischer Rohstoffe ist und der die Bestimmung ihres Zuverlässigkeitsgrades obliegt. Die Staatliche Vorratskommission hat folgende Aufgaben: Sie überprüft die Berechnungen erkundeter Vorräte aller mineralischen Rohstoffe, stellt den Grad ihrer Erforschtheit und Zuverlässigkeit sowie den Grad der Vorbereitung der Lagerstätten für dieindustrielle Nutzung fest. Sie wacht darüber, daß die Vorratsberechnungen in der von der Regierung festgelegten Frist zur Bestätigung vorgelegt werden. Desweiteren überprüft sie, ob die z. Z. gültigen Konditionen für mineralische Rohstoffe richtig sind.

Die GKS erläßt Instruktionen zur Anwendung der Klassifikationen von Vorräten nutzbarer Bodenschätze für die verschiedenen Typen und Arten der mineralischen Rohstoffe. In diesen Instruktionen werden detaillierte Anforderungen an die Erkundung und die Berechnung der Vorräte, die unter Zugrundelegung der von der Regierung bestätigten Klassifikationen ausgearbeitet worden sind, festgelegt.

Die GKS hat das Recht, Veränderungen vorzunehmen und die zur Bestätigung vorgelegten Vorratsberechnungen zurückzuweisen, wenn sie den Anforderungen der von der Regierung bestätigten Klassifikationen oder Instruktionen der GKS nicht entsprechen. Ihre Beschlüsse sind verbindlich für alle Organisationen und Unternehmen, die bergbauliche oder geologische Erkundungsarbeiten durchführen, unabhängig davon, wem sie im einzelnen unterstellt sind.

Bei der Erkundung und Berechnung von Vorräten mineralischer Rohstoffe lassen sich die geologischen Erkundungsorganisationen und die Staatliche Vorratskommission bei der Überprüfung und Bestätigung der Vorräte von den Klassifikationen für Lagerstättenvorräte mineralischer Rohstoffe und den Richtlinien für die Übergabe erkundeter Vorräte zu deren industrieller Nutzung, die von der Regierung der UdSSR bestätigt worden sind, außerdem von der Instruktion der Staatlichen Plankommission der UdSSR leiten. Diese Instruktion schreibt die Art des Vorlegens und den Inhalt der Unterlagen vor, die für die Überprüfung und Bestätigung der Konditionen für den jeweiligen mineralischen Rohstoff erforderlich sind. Ferner lassen sie sich leiten von den entsprechenden Instruktionen der GKS über die Anwendung der Vorratsklassifikationen auf die einzelnen Bodenschätze.

Erst nach der Bestätigung der Vorräte durch die GKS, wobei ein bestimmter Umfang an Vorräten in den Kategorien A_2, B und C_1 vorhanden sein muß, kann die Projektierung und die Kapitalinvestition für den Bau von Montanbetrieben genehmigt werden.

Die vorgenannten Dokumente besitzen große Bedeutung für die Durchführung der geologischen Erkundungsarbeiten und die Montanindustrie der Sowjetunion.

1. Die Vorräte aller mineralischen Rohstoffe werden nach einheitlichen Prinzipien berechnet und bilanziert.

2. Die Regierung und die Planungsorgane der Wirtschaft des Landes haben die Möglichkeit, sich über den wahren Stand der Rohstoffbasis aller Arten mineralischer Rohstoffe zu informieren und Einfluß auf die rationellste Entwicklung der Montanindustrie zu nehmen, was bei der planmäßigen sozialistischen Wirtschaft der UdSSR besonders wichtig ist.

3. Die erkundeten und durch die GKS bestätigten Vorräte aller Arten mineralischer Rohstoffe besitzen nicht nur eine geologische, sondern auch eine ökonomische Einschätzung jeder Lagerstätte, da bei der Berechnung der Vorräte nicht nur die Menge, sondern auch die Qualität des Rohstoffes, die Verteilung der industriellen Sorten, die montantechnischen Betriebsverhältnisse, die Zweckmäßigkeit des Abbaus und der Grad der Vorbereitung zur industriellen Nutzung berücksichtigt werden.

Bereits in der Anfangsperiode der Tätigkeit der Vorratskommission des Geologischen Komitees wurde offenkundig, daß man für eine industrielle Bewertung der Lagerstätten zuverlässige Daten für die Projektierung sowie für vergleichbare Vorratszahlen eine einheitliche und für alle Organisationen verbindliche Vorratsklassifikation haben muß.

Nach langer Diskussion wurde die erste Klassifikation für feste mineralische Rohstoffe vom Präsidium der Staatlichen Plankommission der UdSSR im Jahre 1933 bestätigt. 1941 bestätigte der Rat der Volkskommissare der UdSSR die neue Klassifikation, in der die bis dahin gesammelten Erfahrungen bei der Lagerstättenerkundung und Vorratsplanung berücksichtigt wurden.

Die jetzt geltende Klassifikation wurde 1953 vom Ministerrat der UdSSR bestätigt. Unter Berücksichtigung der Klassifikation gab die GKS etwa 40 Instruktionen zur Anwendung der Vorratsklassifikation für einzelne mineralische Rohstoffe heraus. In diesen Instruktionen wurden die Forderungen der Industrie an die verschiedenen Rohstoffarten definiert, wurde eine Gruppierung der Lagerstätten nach natürlichen Faktoren vorgenommen, welche die Methodik der Erkundung dieser Lagerstätten bestimmt. Festgelegt wurden außerdem die Bedingungen für die Zuordnung der erkundeten Vorräte zu den verschiedenen Kategorien entsprechend dem Grad der Erforschtheit der Lagerstätten in Übereinstimmung mit der Vorratsklassifikation. Daher wird bei der Vorratsberechnung und Bestätigung außer der Vorratsklassifikation als grundlegendes Dokument, noch eine Anzahl zusätzlicher instruktiver Dokumente berücksichtigt, die für die geologischen Erkundungsorganisationen, die Staatliche Vorratskommission und die Projektierungsorganisationen verbindlich sind. Darauf möchte ich Ihre besondere Aufmerksamkeit lenken, da eine Anzahl ausländischer, ja sogar sowjetischer Geologen versuchen, die Vorratsklassifikation als allumfassendes Dokument zu betrachten, das in der Lage sei, alle Fragen zu beantworten, die bei der Erkundung, Berechnung, Bestätigung der Vorräte und bei der Projektierung der Betriebe der Montanindustrie auftreten.

Die Vorratsklassifikation ist ein Gesetz, das einheitliche Prinzipien für die Berechnung und Bilanzierung der mineralischen Rohstoffe und Vorratspläne der Objekte für die industrielle Nutzung entsprechend der Erforschtheit der Lagerstätte festlegt. Damit dieses Dokument und seine Anwendung auf jeden beliebigen mineralischen Rohstoff trotz völlig verschiedener Lagerstätten mit unterschiedlichen Lagerungsverhältnissen, unterschiedlicher Morphologie und unterschiedlichen Stoffbestandes gewährleistet ist, muß dieses Dokument unvermeidlich allgemeinen Charakter tragen und nur die wichtigsten Prinzipien enthalten.

Die Instruktionen zur Anwendung der Klassifikationen für einzelne mineralische Rohstoffe müssen die für die Zuordnung der Vorräte in verschiedene Kategorien speziellen Forderungen enthalten, wie z. B. Aushalten der Lagerstätte, Grad der Erforschtheit, Forderungen der Industrie u. v. a.

Gestatten Sie mir, Ihre Aufmerksamkeit auf den wesentlichen Inhalt der in der UdSSR geltenden Vorratsklassifikationen für feste mineralische Rohstoffe und ihre Anwendung zu lenken. Die Klassifikationen für Erdöl und Erdgas sowie für Grundwasser stehen ihr nahe und werden von mir hier nicht behandelt.

Der Hauptunterschied, den die geltende Klassifikation gegenüber den vorhergehenden aufweist, besteht in folgendem:

Der Vorbereitungsgrad, den die Vorräte für die industrielle Nutzung und somit für die Projektierung und Kapitalinvestition zum Bau von Montanbetrieben haben müssen, ist exakt definiert. In der Regel wird die Projektierung auf der Grundlage nachgewiesener Vorräte der Kategorien $A_2 + B + C_1$, in Ausnahmefällen von $B + C_1$ bzw. nur C_1 vorgenommen.

Ferner wurde vorgesehen, die Konditionen auf der Grundlage technisch-ökonomischer Berechnungen für jede Lagerstätte festzulegen.

Besondere Beachtung wurde auf die Notwendigkeit der Untersuchung der technologischen Eigenschaften des Rohstoffes, der montan-technischen Abbauverhältnisse der Lagerstätten und die komplexe Nutzung des Rohstoffes sowohl für die Haupt- als auch für die wertvollen Begleitkomponenten gelegt. Der Begriff der Bilanz- und Außerbilanzvorräte wurde genauer erfaßt.

Die Klassifikation besteht aus drei Teilen: Teil A — Allgemeines, Teil B — Kategorien der Vorräte, Teil C — Vorbereitungsgrad der Vorräte für die industrielle Nutzung.

Teil A — Allgemeines

In diesem Teil werden der Zweck der Klassifikation definiert und die Forderungen formuliert, die für alle nutzbaren Bodenschätze gelten. Dazu wird gesagt, daß die Vorratsklassifikation für feste mineralische Rohstoffe einheitliche Prinzipien für die Berechnung und Bilanzierung der Vorräte festlegt. Des weiteren werden die Prinzipien für den Vorbereitungsgrad der Vorräte zur industriellen Gewinnung entsprechend der Erforschtheit der Lagerstätten formuliert. Die Einheitlichkeit von Berechnung und Bilanzierung zum Zweck des Vergleichs von Vorräten miteinander wird gefordert, um vom individuellen Herangehen der einzelnen Autoren unabhängige Vorratsberechnungen zu erhalten.

Zugleich wird die wichtigste Aufgabe der Klassifikation festgelegt, die Bestimmung des Vorbereitungsgrades der Lagerstätten zu ihrer industriellen Nutzung.

Im zweiten Punkt der allgemeinen Thesen wird festgelegt, daß die Vorräte mineralischer Rohstoffe nach ihrem Auftreten im Boden ohne Abzug der bei der Gewinnung, Aufbereitung oder Verarbeitung auftretenden Verluste bilanziert werden. Die räumliche Begrenzung der Vorräte hat auf der Grundlage geologischer und geophysikalischer Erkenntnisse zu erfolgen.

Im dritten Punkt wird gesagt, daß die Berechnung der mineralischen Rohstoffe ohne Abzug nach den Ergebnissen der Analysen und Voruntersuchungen für die Haupt- und Begleitkomponenten durchzuführen ist.

Im zweiten und dritten Punkt des allgemeinen Teils wird gefordert, daß die Vorräte in ihrer natürlichen Lagerung bestimmt werden müssen, unabhängig davon, welche Mengen beim Abbau gewonnen werden und welche Gehalte das Erz an der Oberfläche nach den bei der Gewinnung auftretenden Verlusten haben wird.

Im vierten und fünften Punkt wird festgelegt, daß die Vorräte mineralischer Rohstoffe nach ihrem Gewicht berechnet werden. Die Berechnung nach dem Volumen ist nur für diejenigen mineralischen Rohstoffe zulässig, deren Nutzung keine genaue Gewichtsbestimmung erfordert. Die qualitative Charakteristik mineralischer Rohstoffe wird unter dem Aspekt ihrer Bestimmung, Verarbeitungstechnologie und der möglichst vollständigen, komplexen Nutzung der Haupt- und der wertvollen Begleitkomponenten gefordert.

Die Ausführungen des Punktes 6 besitzen prinzipielle Bedeutung.

Die Vorräte mineralischer Rohstoffe werden in zwei Gruppen gegliedert, die gesondert bilanziert werden.

1. Bilanzvorräte, die den industriellen Konditionen und montantechnischen Abbaubedingungen genügen.

2. Außerbilanzvorräte, welche infolge des niedrigen Gehaltes der nutzbaren Komponente, der Geringmächtigkeit der Lagerstätte, der komplizierten Abbauverhältnisse oder infolge Fehlens industrieller Methoden für die Verarbeitung des gegebenen Typs dieses mineralischen Rohstoffes in der Gegenwart nicht industriell genutzt werden können, aber als Objekt der industriellen Nutzung in der Zukunft betrachtet werden können.

Zu diesem Punkt gibt es zwei Anmerkungen.

Anmerkung 1

Es ist zu sichern, daß die industriellen Konditionen für jede einzelne Lagerstätte festgelegt werden. Diese Konditionen werden von Organisationen ausgearbeitet, die die Erkundung der Lagerstätten leiten. Sie werden von einer speziellen Kommission der Staatlichen Plankommissionder UdSSR bestätigt.

Was versteht man unter den Konditionen, und wie werden sie festgelegt?

In den Konditionen sind die Hauptforderungen an die Qualität des Rohstoffes und die montantechnischen Abbauverhältnisse festgelegt, die zur Berechnung von Bilanzvorräten bzw. Außerbilanzvorräten berechtigen. Je nach dem Typ der Lagerstätten und den voraussichtlichen Abbauverfahren werden die Konditionen festgelegt, wie Minimalgehalt (Bortgehalt) der nutzbaren Komponenten, nach denen die Abgrenzung der Lagerstätte vorgenommen wird; industrieller Minimalgehalt der nutzbaren Komponenten in den berechneten Blöcken und anderen Faktoren, welche die Qualität des Rohstoffes charakterisieren; untere Grenze des Gehaltes der nutzbaren Komponenten für die Abgrenzung und Zuordnung der Vorräte zu den Außerbilanzvorräten; maximaler zuverlässiger Gehalt an schädlichen Beimengungen, ferner Forderungen nach der Ausscheidung einzelner Sorten der mineralischen Rohstoffe, ausgehend von den technologischen Eigenschaften, welche die Verfahren der Bearbeitung bestimmen; Aufstellung der Begleitkomponenten, deren Vorräte berechnet werden und ihr Minimalgehalt; zulässiger Koeffizient der Deckgesteine, minimalzulässige Mächtigkeit für die Berechnung des mineralischen Rohstoffs und eine Reihe anderer Kennziffern, die für die Berechnung der Vorräte notwendig sind.

Für die Bestimmung der aufgezählten Forderungen der Konditionen ist es in jedem einzelnen Falle erforderlich, entsprechende technisch-ökonomische Untersuchungen auszuführen, welche die Rentabilität von Förderung und Verarbeitung der Erze, ihre Qualität und montantechnische Verhältnisse begründen.

Anmerkung 2

Die zweite Anmerkung sieht vor, daß die Vorräte mineralischer Rohstoffe in den Sicherheitspfeilern der Gruben, unter Transportwegen, industriellen Anlagen, Naturschutzgebieten usw. einzeln berechnet und zur Gruppe der Bilanzvorräte gezählt werden, wenn sie den industriellen Konditionen genügen.

Das ist eine Frage, die besonderes Augenmerk verdient. In einigen Volksdemokratien werden teils die Vorräte der Sicherheitspfeiler und Sicherheitszonen zu den Außerbilanzvorräten gerechnet oder als Gruppe bedingter Bilanzvorräte ausgeschieden.

Auf Grund der sowjetischen Klassifikation werden alle Vorräte, die den entsprechenden Anforderungen genügen, unabhängig von dem Auftreten in den Sicherheitspfeilern u. a., zu den Bilanzvorräten gerechnet. Damit wird den Erfordernissen zum Schutze der Bodenschätze und ihres vollständigen Abbaues Rechnung getragen und ein unkontrollierbares Abschreiben industrieller Vorräte verhindert.

Im Punkt 7 des allgemeinen Teiles der Klassifikation wird festgelegt, daß die Vorratsklassifikation für Lagerstätten fester mineralischer Rohstoffe auf die einzelnen Arten der mineralischen Rohstoffe entsprechend den Instruktionen angewandt wird, deren Ausarbeitung und Herausgabe der Staatlichen Vorratskommission übertragen worden ist.

Teil B — Kategorien der Vorräte

In diesem Teil ist festgelegt, daß die Vorräte mineralischer Rohstoffe nach dem Grad der Erforschtheit in 5 Kategorien untergliedert werden: A_1, A_2, B, C_1 und C_2. Ferner sind die Bedingungen angegeben, denen jede Kategorie genügen muß.

Es wird Fragen geben, warum Indizes und nicht wortmäßige Definitionen für einzelne Kategorien gewählt wurden, wie das in einigen Ländern üblich ist, z. B. sichere, wahrscheinlichere, mögliche, vermutete Vorräte usw.

Es genügt, sich mit der Diskussion zu befassen, die seit vielen Jahren über die Bezeichnungen der einzelnen Kategorien geführt wurde, um sich davon zu überzeugen, daß ein und dasselbe Wort von verschiedenen Autoren verschieden interpretiert wurde. Besonders schwierig ist es, Bezeichnungen zu finden, die in verschiedenen Sprachen eindeutig verstanden werden. Die Indizes besitzen in jeder Hinsicht unbestreitbare Vorteile: Sie sind eindeutig, wenn man die Bedingungen für ihre Anwendung genügend genau definiert.

Die zweite prinzipielle Frage, die von vielen ausländischen und einigen sowjetischen Geologen beharrlich vorgebracht wird, ist die nach dem Zuverlässigkeitsgrad jeder der ausgeschiedenen Vorratskategorien. Diese Geologen schlagen vor, für jede Kategorie Genauigkeitstoleranzen der Vorratsmenge festzulegen, z. B.

für die Kategorie A von $\pm$ 5 bis $\pm$ 10%
für die Kategorie B von $\pm$ 20 bis $\pm$ 30%
für die Kategorie C_1 von $\pm$ 40 bis $\pm$ 50%
für die Kategorie C_2 von $\pm$ 50 bis $\pm$ 80%.

Wenn man sich mit diesem Vorschlag einverstanden erklären wollte, wäre es selbst in diesem Falle gegenwärtig nicht möglich, solche Bedingungen für die Erkundung und Berechnung der Vorräte festzulegen, welche die vorgeschlagene Genauigkeit der Vorratsberechnungen garantieren würde.

Außer dem Fehlen zuverlässiger Verfahren zur Überprüfung des Genauigkeitsgrades der berechneten Vorräte gibt es noch andere Erschwernisse für die Einführung der Toleranzen.

Es erhebt sich vor allem die Frage, auf welche Kennziffer sich diese Fehlergrenzen beziehen, auf die gesamten Vorräte oder auf den Metallinhalt.

Welche Fehler sind hinsichtlich der mittleren Gehalte, mittleren Mächtigkeit bei einzelnen Erztypen und anderen Kennziffern der Vorratsberechnung zulässig?

Es ist bekannt, daß sich die Kennziffern für große Flächen aus untereinander sehr verschiedenen Größen zusammensetzen können, welche die einzelnen Abschnitte charakterisieren.

Im Zusammenhang damit taucht das Problem der Toleranzen für die berechneten Blöcke auf. Andererseits führt die Festlegung von Toleranzen in der Praxis zur Einführung von Korrekturkoeffizienten oder Sicherheitskoeffizienten.

Die Projektierungs-Organisationen würden obligatorisch eine Korrektur für jede berechnete Tonne Vorrat einführen. Dadurch würden die erkundeten Vorräte künstlich herabgesetzt, wodurch die Erkundungskosten für die Lagerstätten steigen würden.

Die in der UdSSR vorhandenen, über 30jährigen Erfahrungen bei der Anwendung der Vorratsklassifikation — in dieser Zeit wurden allein von der Zentralen Kommission 11750 Vorratsberechnungen verschiedener mineralischer Rohstoffe sowie in den territorialen Kommissionen in den letzten 5 Jahren 4300 Vorratsberechnungen bestätigt — zeigen, daß für die Einführung derartiger Korrekturkoeffizienten keine Notwendigkeit vorliegt.

Die summarischen Vorräte der Kategorien A, B und C_1 werden in der Regel sowohl hinsichtlich der Qualität als auch der Quantität bestätigt. Die Aufgabe der Erkundungsgeologen besteht nicht nur darin, die Gesamtvorräte der Lagerstätten zu berechnen, sondern auch zu klären, wie diese Vorräte in den einzelnen Abschnitten und Blöcken verteilt und wie die Lagerungsverhältnisse sind. Sie besteht weiter in der Klärung der Qualität, der Verteilung nach Sorten, der technologischen Eigenschaften, der Wasserführung und der montantechnischen Bedingungen usw. Ohne diese Angaben kann ein Grubenbetrieb nicht richtig projektiert werden. Ferner muß die Technologie des Abbaus und der Verarbeitung festliegen.

Nebenbei ist es angebracht, darauf hinzuweisen, daß es falsch wäre, durch Einsparung von Mitteln bei der Erkundung die Fragen ungeklärt zu lassen, von denen die Wahl des effektiven Abbaues der vorhandenen Lagerstätte und des rationellsten technologischen Schemas der Verarbeitung ihrer Erze abhängen.

Es ist offensichtlich, daß derartige Einsparungen, letztlich zu vielfach höheren, ungerechtfertigten Ausgaben führen. Nebenbei sei bemerkt, daß die Erkundungskosten für eine Tonne mineralischen Rohstoffs gewöhnlich nicht höher als 0,2 bis 1,0% des Wertes dieser mineralischen Rohstoffe liegen.

Ausgehend von der Notwendigkeit, die aufgezählten Aufgaben zu lösen, stellt die sowjetische Vorratsklassifikation folgende Forderungen an die einzelnen Vorratskategorien:

Kategorie A_1

Die Vorräte sind vollständig untersucht und durch Aus- und Vorrichtungsbaue oder durch Bohrungen der betrieblichen Erkundung begrenzt. Die hydrogeologischen Abbauverhältnisse sind untersucht, die industriellen Sorten des mineralischen Rohstoffs und ihrer Verteilung in jedem Block sind festgestellt. Die Qualität und Verarbeitungstechnologie des mineralischen Rohstoffs sind auf der Grundlage betrieblicher Erfahrungen untersucht.

Kategorie A_2

Die Vorräte sind eingehend erkundet und bergmännisch oder durch Bohrungen abgegrenzt. Die Lagerungsverhältnisse, das Verhältnis der natürlichen Typen und industriellen Sorten des mineralischen Rohstoffs, ferner die hydrogeologischen Verhältnisse der Lagerstätte und ihre Abbauverhältnisse sind untersucht. Qualität und technologische Eigenschaften des mineralischen Rohstoffs sind so eingehend geklärt, daß die Projektierung der Verarbeitungsschemata und die Technologie der Nutzung des mineralischen Rohstoffs gewährleistet sind.

Kategorie B

Die Vorräte sind erkundet und bergmännisch oder durch Bohrungen abgegrenzt. Die Lagerungsverhältnisse sind untersucht. Die natürlichen Typen und industriellen Sorten des mineralischen Rohstoffs sind ohne eingehende Untersuchung ihrer Verteilung ermittelt. Qualität und technologische Eigenschaften des mineralischen Rohstoffs sind in dem Maße untersucht, daß die Wahl des Schemas seiner Verarbeitung gewährleistet ist. Die allgemeinen Abbauverhältnisse sowie die allgemeinen hydrogeologischen Verhältnisse der Lagerstätte sind ausreichend geklärt.

Kategorie C_1

Die Vorräte sind auf der Grundlage eines weitmaschigen Netzes von Bohrungen oder Grubenbauen bestimmt. Teils sind es Vorräte, die an die Grenzen von Vorräten der Kategorien A_1, A_2 und B anschließen, teils solche besonders komplizierte Lagerstätten, bei denen trotz des engmaschigen Netzes die Verteilung der wertvollen Komponente oder des Minerals nicht geklärt ist. Qualität, natürliche Typen, industrielle Sorten und Verarbeitungstechnologie des mineralischen Rohstoffs sind vorläufig auf der Basis von Analysen oder Laboratoriumsversuchen oder in Analogie zu ähnlichen erforschten Lagerstätten bestimmt. Die allgemeinen hydrogeologischen Verhältnisse der Lagerstätte sind vorläufig untersucht.

Kategorie C_2

Das sind teils Vorräte, die an Lagerstättenteile angrenzen, die als Kategorien A_2, B und C_1 erkundet worden sind. Ferner sind das Vorräte, die nach geologischen oder geophysikalischen Ergebnissen zu vermuten sind und von denen Proben des mineralischen

Rohstoffs aus einzelnen Bohrungen und bergmännischen Aufschlüssen vorliegen.

Teil C — Vorbereitungsgrad der Vorräte für die industrielle Nutzung

Wie bereits erwähnt, verfolgt die Vorratsklassifikation der UdSSR nicht nur die Aufgabe, die Gesamtmenge der Vorräte zu bestimmen, sondern auch den Grad ihrer Vorbereitung für eine industrielle Nutzung. Es ist offensichtlich, daß die Projektierung eines Werkes am besten auf der Grundlage von Vorräten durchgeführt wird, die bis zur höchsten Kategorie erkundet worden sind. Daher erfolgte bis 1953 die Projektierung vorwiegend auf der Grundlage von Vorräten der Kategorie A. Diese Arbeitsweise erfordert jedoch große Aufwendungen von Mitteln und Zeit. Dadurch wird der Abbau von erkundeten Lagerstätten verzögert.

Zugleich zeigte die Praxis der Montanindustrie, daß es für die Projektierung, den Bau von Werken und die Aufnahme des Abbaues der Lagerstätte genügt, nur einen Teil des Vorrates in den hohen Kategorien A_2 und B zu erkunden und keine Notwendigkeit besteht, möglichst den gesamten Lagerstättenvorrat in den hohen Kategorien zu erkunden, da entsprechend dem Umfang des Abbaues in den folgenden Jahren Vorräte der Kategorien C_2 und C_1 in die Kategorien B und A_2 überführt werden können.

Im Zusammenhang damit wurden in der Klassifikation von 1953 die Verhältnisse der Vorräte der einzelnen Kategorien zueinander festgelegt, bei denen die Industrie zur Projektierung und den Bau von Werken übergehen kann. Die erwähnten Verhältnisse der Vorräte zueinander wurden auf der Grundlage der gesammelten Erfahrungen festgelegt, die sich bei der Erkundung und dem Abbau der einzelnen Arten der mineralischen Rohstoffe ergeben haben, wobei von den Größen der Lagerstätte und dem Grad ihres Aushaltens ausgegangen wird. In der Klassifikation wird dies folgendermaßen formuliert:

Der Vorbereitungsgrad der Vorräte für die Genehmigung zur Projektierung und Kapitalinvestition zum Bau von Montanbetrieben wird durch das Verhältnis der Bilanzvorräte des mineralischen Rohstoffes in den Kategorien A_2, B und C_1 bestimmt.

Dieses Verhältnis wird unter Berücksichtigung der folgenden Leitsätze festgelegt:

Die Ausarbeitung der Projekte und die Gewährung von Kapitalinvestitionen für den Bau von Montanbetrieben erfolgt auf der Basis der Bilanzvorräte der mineralischen Rohstoffe und der sie begleitenden wertvollen Komponenten der Kategorien $A_2 + B + C_1$. Bei Lagerstätten, deren Erkundung nicht bis zur Kategorie A_2 infolge der geringen Ausdehnung des komplizierten geologischen Baues oder der komplizierten Verteilung der Hauptkomponente oder Begleitkomponente erfolgte, kann die Projektierung und Investition auf der Grundlage der Bilanzvorräte in den Kategorien $B + C_1$ vorgenommen werden. Für Einzellagerstätten (außer Kohlen- und Brennschieferlagerstätten) und solche mit besonders kompliziertem geologischen Bau und komplizierter Verteilung der nutzbaren Komponente, in denen es nicht möglich ist, mit Hilfe eines engmaschigen Netzes von Erkundungsbohrungen und Schürfen eine völlige Klärung herbeizuführen, ist die Ausarbeitung von Projekten und die Gewährung von Kapitalinvestitionen zum Bau von Montanbetrieben auf der Basis von Bilanzvorräten der Kategorie C_1 zulässig, wenn die Abbauverhältnisse der Lagerstätte, die Qualität und die Verarbeitungstechnologie des mineralischen Rohstoffes ausreichend geklärt sind.

In einer weiteren Bemerkung wird das Recht der GKS, in entsprechenden Fällen das der territorialen Kommissionen formuliert, bei Bestätigungen von Vorräten die Unzweckmäßigkeit einer weiteren Erkundung bis zur Kategorie A_2 oder B — in Sonderfällen bis zu C_1 — für die Ausarbeitung des Projektes eines Montanbetriebes anzuerkennen.

Diese Anweisung bezieht sich im wesentlichen auf kleine Lagerstätten mit schwierigen geologischen Verhältnissen und nicht gesetzmäßiger Verteilung des mineralischen Rohstoffes, in denen es selbst durch eingehendste Erkundung und großen Aufwand an Mitteln nicht möglich ist, Vorräte der hohen Kategorien zu erhalten. Daher ist bei unbedeutendem Kapitalaufwand und Vorhandensein eines Mindestvorrates in diesen Kategorien der Aufbau von Betrieben zulässig.

Wird z. B. ein Teil erkundeter Vorräte in niedrigen Kategorien nicht bestätigt, werden die Verluste durch die verworfenen Vorräte kleiner sein, als hätte eine eingehende Erkundung der Vorräte stattgefunden.

In der Klassifikation ist festgelegt, daß bei der Projektierung von Montanbetrieben und ihrer Entwicklungsperspektiven außer den Vorräten der Kategorien A, B und C_1 hinsichtlich der Haupt- und Nebenkomponenten die Vorräte der Kategorie C_2 berücksichtigt werden müssen. Das Verhältnis der Vorräte der Kategorien A_2, B und C_1 zueinander, das für die Begründung zur Projektierung und Kapitalinvestition für den Bau von Montanbetrieben erforderlich ist, ist in einer speziellen Anlage festgelegt. In den Richtlinien zur Übergabe erkundeter Lagerstätten für die industrielle Nutzung, die als Anlage zur Klassifikation erschienen sind, ist festgelegt, daß für große Lagerstätten bzw. Lagerstätten, die sich in erhebliche Tiefe fortsetzen, in den Kategorien $A + B + C_1$ nur der Anteil der Vorräte zu erkunden ist, der die Produktion eines Montanbetriebes für eine bestimmte Zeit sicherstellt. In diesen Fällen müssen neben der Erkundung der Vorräte, die zur industriellen Nutzung übergeben werden, obligatorisch die allgemeinen Umrisse der Lagerstätte und ihre Gesamtperspektive an Vorräten der Kategorie C_2 bestimmt werden.

Die in der UdSSR eingebürgerte Praxis der Berechnung und Bilanzierung mineralischer Rohstoffe auf der Grundlage der geltenden Klassifikation hat sich bewährt.

Der XXI. Parteitag der Kommunistischen Partei der Sowjetunion, der heute im Kreml eröffnet wird, behandelt das grandiose Programm des kommunistischen Aufbaues.

Im 7-Jahr-Plan für die Zeit von 1959—1965 wird den sowjetischen Geologen die Aufgabe gestellt, die Erweiterung und qualitative Verbesserung der mineralischen Rohstoffbasis zur vollständigen Befriedigung der unaufhörlich wachsenden Bedürfnisse der UdSSR an allen mineralischen Rohstoffen zu gewährleisten.

Die richtige Berechnung und Bilanzierung der erkundeten und auf der Grundlage der Klassifikation bestätigten Vorräte gibt der Regierung, den Planungs- und Wirtschaftsorganisationen die Möglichkeit, Standorte und Aufbau von Montanbetrieben entsprechend den volkswirtschaftlichen Erfordernissen unter Berücksichtigung der natürlichen Rohstoffquellen zu bestimmen.

Aktualismus – eine unewige Wahrheit der Geologie

KURT KAUTER, Gotha

Als um die 20er Jahre des vorigen Jahrhunderts der damals etwa 50jährige „Ritter des Weißen Falkenordens herzoglich sächsisch-gothaische Geheime Assistenz-Rat KARL ERNST ADOLF VON HOFF" in Gotha mit seinen Thesen auftrat, die später als „Aktualismus" in der Geologie ihre bis heute bedeutende Rolle spielten, war das ein bewundernswert mutiges Beginnen. Er stand mit der ganzen Fülle seines Wissens auf, das neben anderen Publikationen niedergelegt war in seinem fünfbändigen Werk „Geschichte der durch Überlieferung nachgewiesenen natürlichen Veränderungen der Erdoberfläche" („Eine von der Königlichen Gesellschaft der Wissenschaften zu Göttingen gekrönte Preisschrift") gegen die damals herrschende und alles beherrschende Lehre, daß die Entwicklung der Welt sich in Katastrophen abschnittsweise, durch immer neue Schöpfungsakte vollzogen habe. Diese Kataklysmenlehre wurde vor allem durch den berühmten Naturforscher CUVIER (1769–1832) gestützt.

Zwar konnte sich VON HOFF auf die Arbeiten einiger Vorgänger, unter ihnen auf die seines Landsmannes G. CHR. FÜCHSEL (1722–1773) stützen, der bereits 1761 eine im aktualistischen Sinn gehaltene Niederschrift veröffentlichte unter dem Titel: „Geschichte des Landes und des Meeres, aus der Geschichte Thüringens durch Beschreibung der Berge entwickelt." Auch der namhafte russische Wissenschaftler LOMONOSSOW (1711–1765) hatte schon früh die natürlichen Grundlagen der Entwicklungsgeschichte der Erde betont. Aber letzten Endes stand VON HOFF doch noch allein gegen eine allgemeingültige Lehrmeinung, als „ewige Wahrheit" angepriesen, deren innerer Verkrampfungszustand unschwer aus dem Umstand zu erklären ist, daß die Natur eben mit der Bibel nicht in Übereinstimmung, sondern zu ihr in unlösbarem Widerspruch steht.

Sehr schnell jedoch erhielt VON HOFF eine stattliche Anzahl namhafter Bundesgenossen. Unter ihnen stand der Engländer LYELL (1797–1875) an hervorragender Stelle, der mit seinem Werk „Principles of Geology" der neuen, fortschrittlichen These gegenüber der verknöcherten, unbrauchbar gewordenen, alten zum endgültigen Durchbruch verhalf.

VON HOFF beurteilte die Lage völlig richtig, als er betonte, er habe mit seiner Arbeit „. . . eine der Pforten zum Vorhof des Heiligtums tieferer geologischer Forschungen" aufgestoßen. So war es damals zweifellos; aber diese auf bürgerlicher Ideologie beruhende Theorie trug schon von Anfang an die Zeichen des Zerfalls in sich, der erst im Laufe der Zeit restlos deutlich wurde und uns nun zu einer Überprüfung unseres diesbezüglichen Wissensstandes nötigt.

Der Ausgangspunkt der Arbeiten VON HOFFs ist, wie es nicht anders zu erwarten war, eine scharfe Kritik an der bis dahin üblichen wissenschaftlichen Methode: von einer theoretischen Ableitung der Erdentstehung als Ganzes auf biblischer Grundlage sich schrittweise zur Gegenwart vorzutasten. Das gab natürlich begriffliche Verzerrungen, die schließlich ganz und gar nicht mehr zu den Realitäten paßten und die Wissenschaftler zu einem Zurechtbiegen der Natur zur Stützung ihrer falschen Theorien veranlaßten. VON HOFF schreibt dazu:

„Dabei haben sie (die Wissenschaftler, d. V.) diese neueren Erscheinungen stets benutzt, die Erklärungen der älteren, dunkleren darauf gestützt und gemodelt, ohne es eigentlich zu gestehen, weder andren noch sich selbst."

VON HOFF fordert, der exakten Wissenschaft auf Grund chemischer und physikalischer Berechnungen den Vorzug zu geben vor „geistreichen Betrachtungen des spekulierenden Autors", also vor wissenschaftlich sich gebärdenden Geistreicheleien, oder, wie FR. ENGELS im „Antidüring" es nennt, vor „Wissenschaftswissenschaft". Die Methode, mit der VON HOFF ans Werk geht, ist die exakte Naturbeobachtung, das Messen und Wägen, der Vergleich ähnlicher Erscheinungen, mit dem Ziel, „geologische Sätze darauf zu gründen", Schlußfolgerungen zu ziehen, „die in das Gebiet der Naturlehre hinaufreichen", also in die begriffliche Abstraktion.

Diese an sich moderne und der Dialektik nahestehende Einstellung wird noch deutlicher mit seiner wiederholt erhobenen Forderung, die Einzelerscheinung in den großen Zusammenhang aller Dinge zu stellen und sie in ihrer ständigen Veränderung zu sehen:

„Immer aber erscheint es schon jetzt für die Geologie als Gewinn, wenn nur das Resultat als Gewiß dasteht, daß die Ausbildung der jetzigen Gestalt der Erdoberfläche sowohl im ganzen als selbst in einzelnen Teilen solche Zeiträume erfordert hat, . . . in welchem die vorangegangenen Veränderungen so klein gegen das Ganze erscheinen, sie anzunehmen berechtigt, ja nötigt."

Dem Bild der ständigen Veränderung mangelt auch keinesfalls die Vorstellung von dem Vorgang des Umschlags der Quantität in Qualität. VON HOFF ist viel zu sehr „exakter" Wissenschaftler gegenüber den von ihm angeprangerten „Phantasten", daß er nicht — ohne es allerdings so zu nennen — das Gesetz der Negation der Negation in der Natur erkannt hätte, wie dies in folgender, fast klassischer Passage seiner Ausführungen zum Ausdruck kommt:

„Jedermann weiß, welche zahllose Menge von organischen Geschöpfen der Ozean birgt und nährt. Diese Geschöpfe bilden sozusagen eine große Stufenleiter von Übergängen des Flüssigen in das Feste — des Wassers in Felsen. Vom organisierten Schleimbläschen an, das millionenweise auf dem Wasser schwimmt und seinen Phophorschein dem Ozean meilenweit mitteilt, durch alle Gräten-, Knochen-, Rinden- und Schalentiere hindurch bis zu den ganze Felseninseln bildenden Korallen, sehen wir die merkwürdige Operation der Natur, welche sich tausendjähriger Dauer erfreuet."

Das war eine Ausgangsstellung, von der aus die These des Aktualismus überzeugend und wirkungsvoll vorgetragen werden konnte. Ihre erste Formulierung gab VON HOFF 1822 bei Erscheinen des I. Bandes seines Werkes mit folgenden Worten:

„Nur auf die jüngsten eigentlich geologischen Ereignisse dürften daher die hier zusammengereihten Erscheinungen einige Schlußfolgerungen gestatten, oder auf solche, von denen es scheint, daß sie noch jetzt, wenigstens in gleicher Art, wenn auch vielleicht nicht in gleicher Größe vorkommen wie in früheren Jahren der Erdbildungen . . .“

Diese Formulierung ist deshalb so glücklich, weil sie die Ausschließlichkeit ausschließt, der belebenden Kritik Ansatzmöglichkeiten bietet und sich der Grenzen der eigenen Gültigkeit bewußt bleibt. Diese Grundhaltung der weisen Einschränkung und Grenzziehung kommt an vielen Stellen des I. Bandes der Arbeit VON HOFFs treffend zum Ausdruck, von denen hier nur eine zitiert werden soll:

„Dieses Resultat sollte diejenigen, welche Vermutungen und Theorien über die Bildung und Umbildung der Erde aufstellen wollen, vorsichtig machen und sie darauf führen, vor allen Dingen zu untersuchen, ob die jetzt vor den Augen des Menschengeschlechtes wirkenden Naturkräfte — und insbesondere in der Art wie sie wirken — nicht schon allein und nur mit Ausdehnung ihrer Wirksamkeit durch große, sehr große Zeiträume hinreichend gewesen sein möchten, die äußeren Formen der Erdoberfläche... so hervorzubringen und auszubilden, wie man sie jetzt findet oder ob es wirklich notwendig ist, außerdem noch plötzliche, weit verbreitete und außerordentliche Revolutionen von einer Art, von welcher in der geschichtlichen Forschung keine Spur mehr vorkommt, anzunehmen . . .“

Hier gibt VON HOFF ein vortreffliches Zeugnis für das Streben der fortschrittlichen Wissenschaftler an der Schwelle moderner Forschung, die gewaltige Natur mit der Vielzahl ihrer einander ergänzenden und einander aufhebenden Gesetze zu fassen und zu erfassen, die Materie in ihrer dauernden Bewegung zu begreifen.

*

Das war am Anfang der aktualistischen Bewegung, die von da an unter den Geologen zu Beginn des letzten Jahrhunderts einsetzte. Aber gar bald trat das ein, was FRIEDRICH ENGELS am Beispiel DARWINs erläuterte: (Herrn EUGEN DÜRINGS Umwälzung der Wissenschaft. Dietz-Verlag, Berlin 1948, S. 84.)

„Daß DARWIN dabei seiner Entdeckung einen übermäßigen Wirkungskreis zuschrieb, sie zum ausschließlichen Hebel der Artveränderung machte und die Ursache der wiederholten individuellen Veränderungen über der Form ihrer Verallgemeinerung vernachlässigte, ist ein Fehler, den er mit den meisten Leuten gemein hat, die einen wirklichen Fortschritt machen.“

Schon 12 Jahre später, im Jahre 1834 beim Erscheinen des III. Teils seines Werkes, definiert VON HOFF zweifellos unter dem Eindruck der überzeugenden, parallelen Arbeiten und Erkenntnisse LYELLS den Ausschließlichkeitscharakter seiner Theorie:

„. . ., sondern daß alle von uns wahrnehmbaren und wahrgenommenen oder auf den Grund richtiger Naturbeobachtungen vermuteten Veränderungen auf der Erdoberfläche nur durch die fortschreitende, im ganzen zwar allmählich vor sich gehende, doch dann und wann und hie und da auch schneller und auffallender sich offenbarende Wirkung der uns aus der Erfahrung bekannt gewordenen Kräfte der Natur im Laufe großer, sehr großer Zeiträume hervorgebracht worden sind.“ (Das ganze Zitat wurde von VON HOFF gesperrt.)

Damit ist diese Erkenntnis auf das idealistische Gleis geschoben worden. Sie wurde zur „ewigen Wahrheit“, die keine andere neben sich duldete. Sie sollte die sich bewegende Materie in Formeln und Gleichungen bannen, obwohl mit den damals gerade erkannten, neuen physikalischen und chemischen Gesetzen offensichtlich wurde, daß die Materie voller Widersprüche ist und daß diese ihr eigentliches Bewegungsgesetz darstellen.

Man darf nicht vergessen, daß während VON HOFFs Lebenszeit die erste Eisenbahn, das erste Dampfschiff, die erste Papiermaschine und die erste Schnellpresse entstanden. Der Elektromotor wurde erfunden; FARADAY entwickelte die Gesetze der elektromagnetischen Induktion. OHM leitete sein Gesetz der elektrischen Ströme ab. VOLTA erfand die elektrische Batterie; der Sauerstoff und die Schwefelsäure wurden entdeckt.

*

Von da an ging die aktualistische These den Weg aller idealistischen Lehren bis in die heutige Zeit. Bekannt ist die Auseinandersetzung zwischen KUMMEROW und WILHELM SALOMON-CALVI in den 30er Jahren, wo letzterem schon der widersinnige Ausschließlichkeitscharakter seiner Deutung des Aktualismus vorgehalten wurde. 1931 eröffnete ERICH KAISER („Der Grundsatz des Aktualismus in der Geologie. Ztschr. dtsch. Geol. Ges. Bd. 83, Heft 6, S. 389“) eine gleichgeartete Kampagne, die er leider nicht zu Ende führen konnte.

Heute beginnt, angesichts der entgegengesetzt verlaufenden gesellschaftlichen Entwicklung in Ost- und Westdeutschland in der Geologie die Frage um den Wert der „ewigen Wahrheiten“ und in diesem Zusammenhang auch des Aktualismus zu einer Auseinandersetzung des Fortschritts gegen die Reaktion zu werden.

In dieser Verbindung ist es nicht verwunderlich, daß die westdeutsche Neuausgabe von EMANUEL KAYSERs „Abriß der Geologie“ (Bd. I von ROLAND BRINKMANN, Stuttgart 1950) zwar mit gewissen Zeichen der Verlegenheit, aber immerhin deutlich genug die starre, idealistische Fassung des Aktualismus „als einziger Erfahrungsquelle“ (S. 3) neu formuliert. Sie wird nicht allein auf Paläogeographie und Faziesverhältnisse angewandt (S. 121), sondern auch auf die Deutung metamorpher Schiefer (S. 240) und der Polwanderungen (S. 245).

Demgegenüber ist der Standpunkt der Geologen in der Deutschen Demokratischen Republik in dieser Frage noch lange nicht klar genug, wie es VON BÜLOWs „Geologie für jedermann“ (5. neubearbeitete Auflage 1956, S. 11) ausweist, aber auch Brockhaus' „Entwicklungsgeschichte der Erde“ (Taschenbuch. Leipzig 1955, S. 14). Hier allerdings erfährt auf S. 403 die aktualistische Methode eine erste, wesentliche Einschränkung durch den Hinweis, daß wir heute in einer geologischen Ausnahmezeit leben:

„... zumindest aber in einer Epoche von besonderem, nicht allgemeingültigem Charakter. Das ist auch der Grund für die Schwierigkeiten in der Deutung der früheren, „normalen“ Zeiten der Erdgeschichte und ihrer Zeugnisse, an denen die Geologie lange Zeit gekrankt hat. Hier liegt auch der Grund für die naturgegebenen Grenzen der aktualistischen Betrachtungsweise.“

*

Das ist zwar etwas, aber es genügt nicht. Das Problem muß auf der Basis der Materie tiefer gefaßt werden. Die Dialektik der Naturvorgänge in ihrer Gesamtheit als fortschreitender Entwicklungsprozeß mit ihren inneren Widersprüchen und bei ihrem ständig stattfindenden Umschlagen von Quantität in Qualität muß klar herausgehoben werden. Wie anders will man das Entstehen von lebender aus lebloser Materie und ihr Nebeneinanderfortbestehen erklären?

Über dem Eingang unserer neuen geologischen Epoche, die mit unserem Vordringen auf den Sozialismus hin begonnen hat, steht der Satz von FRIEDRICH ENGELS:

„Die Natur ist die Probe auf die Dialektik, und wir müssen es der modernen Naturwissenschaft nachsagen, daß sie für diese Probe ein äußerst reichliches, sich täglich häufendes Material geliefert und damit bewiesen hat, daß es in der Natur, in letzter Instanz, dialektisch und nicht metaphysisch hergeht, daß sie sich nicht im ewigen Einerlei eines stets wiederholenden Kreises bewegt, sondern eine wirkliche Geschichte durchmacht..." (a. a. O. S. 26).

Das ist unser Halt! für den Ausschließlichkeitscharakter des Aktualismus, der ja letzten Endes nichts anderes bedeutet als ein ewiges Sich-im-Kreise-Drehen, ein stumpfsinniges Wiederholen bereits vollzogener und als bekannt angesprochener Vorgänge. Das entspricht aber nie und nimmer den Tatsachen derNaturgeschichte. Wer auf diesem unwissenschaftlichen Pfad wandelt, geht in die gleiche Irre, in der seinerzeit die Kataklysmenlehre endete.

Wer aber zum Sozialismus vorwärtsdrängt, wer die Ziele der auch für die Geologie weitgesteckten Pläne erreichen will, der muß den Geltungsbereich des Aktualismus mit aller Klarheit und Härte so weit einengen, daß er kein Hindernis mehr für die modernste und entwickeltste Forschung wird. Dann erst wird es möglich sein, das Werk VON HOFFs zu vollenden, der nur „eine Pforte zum Vorhof des Heiligtums tieferer geologischer Forschungen" öffnete: in der dialektischen Geologie, die keine bürgerlichen Einengungen und Ausschließlichkeiten mehr zuläßt, sondern auf breiter Front zum Erkennen der gesetzmäßigen Bewegungsabläufe der Materie innerhalb der Erdgeschichte antritt.

Slips - ein Fanggerät für Bohrgestänge bei der Beseitigung von Havarien[1)]

J. S. TAMOIKIN

Die verbreitetsten Instrumente für die Beseitigung von Havarien, die durch einen Gestängebruch oder eine Abdrehung von Bohrgestängen verursacht werden, sind Fangdorne und Fangglocken.

Der Fangslips (siehe Zeichnung), wie er von den Mitarbeitern der Kamsker geologischen Erkundungsgruppe S. G. BUNEGIN vorgeschlagen wurde, dient dem Fangen von Gestängen mit Links- oder Rechtsgewinde von 50 als auch 63,5 mm Durchmesser, wobei die einzelnen Gestänge auch abgedreht werden können. Der Slips arbeitet nach dem gleichen Prinzip wie die Fangglocke. Das abgerissene Gestängeende läuft beim Einfahren des Slipses durch die Fänger 1 und 2. Beim Anheben des Slipses wird das Gestänge durch die Platten 4 zusammengedrückt, die einen Gewindeeinschnitt von 2 mm Tiefe und einen Gang von 6 mm besitzen. Wenn der Abriß im Verbindungsschloß erfolgte, so geschieht das Auffangen im Schloßfänger 1.

Um alle genannten Arbeiten durchführen zu können, werden 2 Slipse hergestellt, die in all ihren Verbindungsstücken einmal mit Rechtsgewinde und zum anderen Mal mit Linksgewinde versehen sind. In Bohrungen mit einem Durchmesser von 111, 131 und 152 mm ersetzt der Fangslips vollkommen die Fangdorne und Fangglocken und hat ihnen gegenüber folgende Vorteile:

a) Er ist bequem beim Ausbau des Gestänges im Falle eines mehrmaligen Abdrehens desselben zu handhaben, weil es nicht notwendig ist, das Gestänge neu anzuschneiden.

b) Er faßt das Bohrgestänge sicher und führt zu keinem Verkeilen des im Bohrloch verbleibenden Gestängeteiles.

c) Er ist leicht vom aufgefangenen Bohrgestänge durch eine kleine Rechtsdrehung wieder zu lösen.

d) Er fängt auch Bohrgestänge mit schrägem Abriß.

e) Er fängt ebenfalls die Schloßverbindung der Muffe und der Bohrgestänge.

f) Er ist einfach gebaut und kann in jeder Werkstatt einer geologischen Erkundungsgruppe oder Expedition hergestellt werden. Der Fangslips wurde erstmalig von der Kamsker geologischen Erkundungsgruppe hergestellt und erprobt.

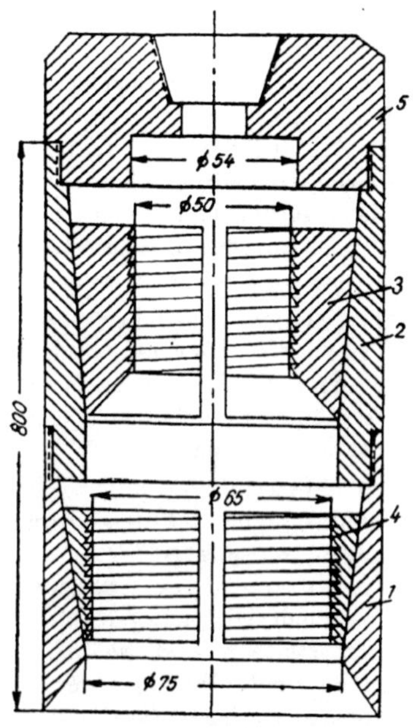

Fangslips für Bohrgestänge

1 — Schloßfänger, 2 — Gestängefänger, 3 — Halteklappen des Gestängefängers, 4 — Halteklappen des Schloßfängers, 5 — Überführung vom Bohrgestänge zum Fangslips

[1)] Aus „Raswedka i ochrana nedr" (russisch), 1958, H. 12, S. 49

Lesesteine

Freiheit für die Erdölproduktion

Im freiesten Land der Welt hat Präsident EISENHOWER als lautester Verkünder der „freien" kapitalistischen Wirtschaft am 10. 3. 1959 Zwangsbeschränkungen für die Einfuhr von Rohöl und Ölprodukten erlassen. Er ist der Ansicht, daß das bisher von ihm befürwortete System der freiwilligen Einfuhrbeschränkungen nicht den gewünschten Erfolg gebracht hat und daß deshalb die Konzerne der USA ihre Produktion über das erträgliche Maß hinaus hätten drosseln müssen. Es ist daher im Lande der freien Wirtschaft durch Präsident EISENHOWER verfügt worden, daß Rohöl und Rohölprodukte ab 1. 3. 1959 nicht mehr ohne Sondergenehmigung des Innenministeriums importiert werden dürfen. I.

Mister HENRY CARTER REA und das indische Erdöl

Im „Oil and Gas Journal" berichtete vor einiger Zeit der Geologe H. C. REA über seine Erfahrungen, die er als Experte auf den indischen Erdölfeldern sammeln konnte. Sie gipfeln in der Erkenntnis, daß „die Roten das indische Erdöl kontrollieren" und daß die Ölproduktion „von den Kommunisten total beherrscht wird". „Rußland hat eine 100%ige Kontrolle über das indische Erdöl", das bisher 2% des Energiebedarfes des Landes deckt. Gefährlich sind nach REA vor allem Projekte, vom Kaspischen Meer eine Pipeline durch Afghanistan und West-Pakistan nach Indien zu bauen.

Wir erfahren weiter von REA, daß die indische Erdöl/Erdgas-Kommission nach sozialistischen Prinzipien arbeitet, da sie durch das Nationalisierungsgesetz die Erdölerkundung und -produktion verstaatlicht. Lediglich die Felder von Assam hält REA für zukunftsreich, und er rät den Indern, natürlich im Interesse der nordamerikanischen Erdkölkonzerne, davon ab, weitere Gebiete ihres Heimatlandes zu erkunden.

Die Arbeit der in Indien tätigen sowjetischen und rumänischen Brigaden will er nicht herabsetzen, und er gibt zu, daß ihre Ausrüstung völlig den amerikanischen entspricht. „Lediglich der Wirkungsfaktor ihrer Arbeiten reicht nicht an unseren heran." Wie könnte er auch!

Gar nicht ist Mister REA mit der Wirtschaftspolitik zufrieden, die seine Regierung in Indien durchführt: „Die USA haben, getrieben von der Furcht, Indien ganz an die Kommunisten zu verlieren, direkte finanzielle Hilfe und Anleihen gegeben, damit die Inder ihre Grundstoffindustrie entwickeln können. Aber die indische sozialistische Regierung benutzt diese Mittel für Entwicklungen, die wir verabscheuen, und sie verbraucht unser Geld, um ihre eigenen Ideen zu verwirklichen. So sind wir dabei, uns selbst zu besiegen." e

Geologisches Thermometer

Die Grundgesetze der Kolloidchemie gestatten die Voraussage, daß tonige Gesteine, in denen noch wasserhaltige Gele enthalten sind, beim Erwärmen im Laufe einiger Tage und um so mehr im Laufe einiger Monate ihre Eigenschaften merklich und irreversibel verändern. Die Gele ändern ihre Eigenschaften auch beim Abkühlen auf Temperaturen von —10 bis —20° C. Auf diesen Eigenschaften beruhende Umgestaltungen der tonigen Gesteine verlaufen in geologischen Zeiträumen beim Erwärmen bis auf rund 100° C bis zum Ende der möglichen Reaktion. Daraus ergibt sich, daß auf 100° C erwärmte Gesteine zumindest in einigen ihrer Eigenschaften gründlich umgestaltet wurden oder aber andere Eigenschaften, die für das nicht erhitzte Material typisch sind, restlos verlieren. Zeigt sich nun, daß ein toniges Gestein beim Erwärmen auf 100° C im Laboratorium seine Eigenschaften merklich verliert, so bedeutet dies, daß dieses Gestein während der geologischen Zeiträume seiner Bildung bzw. Ablagerung nie auf solche Temperaturen erwärmt wurde. Sind einige Eigenschaften dieses Gesteins beim Abkühlen auf —20° C anders, so kann in der gleichen Weise behauptet werden, daß dieses Gestein in der vergangenen Zeit nie bis auf diese Temperaturen abgekühlt wurde. Wird eine weitere Probe dieses Gesteins auf nur 80° C erwärmt und verändert es seine Eigenschaften in der gleichen Weise wie beim Erwärmen auf 100° C, so kann gesagt werden, daß das vorliegende Gestein in den vergangenen Zeiten sich nie auf Temperaturen von 80° C erwärmt hat. Durch eine solche stufenweise Untersuchung kann die Temperatur gefunden werden, bei welcher die Eigenschaften des Gesteins unverändert bleiben. Diese Temperatur ist die höchste, der das Gestein während der geologischen Zeitperiode ausgesetzt gewesen ist. I.

(Aus „Glückauf" Nr. 5 vom 28. 2. 1959, S. 299—300)

Besprechungen und Referate

SCHNEIDERHÖHN, H. & H. BORCHERT

Zonale Gliederung der Lagerstätten

N. Jb. Mineral. Mh. 6/7, S. 136—161, 1956

Der Lagerstättenausschuß der Gesellschaft Deutscher Metallhütten- und Bergleute hatte am 15. 11. 1955 zu einer Arbeitstagung in Clausthal eingeladen, auf der H. BORCHERT ein einleitendes Referat über „Zonale Gliederung der Erzlagerstätten" hielt. Nach einführenden Bemerkungen über frühere Gliederungsversuche der Lagerstättenbildung erläuterte er das 1950 von ihm entwickelte und 1955 verbesserte „Schematische Diagramm der Zonengliederung der Erdkruste". Darin sind alle magmatischen Bildungsprozesse nach Bildungstemperatur, Tiefenlage der erzliefernden Intrusionsherde, Tiefenlage der Erzausscheidung und den dabei herrschenden Drücken entsprechend übergeordneten Gesetzmäßigkeiten zu gliedern. Auch die sekundärhydrothermalen Erzbildungen im Sinne von SCHNEIDERHÖHN lassen sich zwanglos einordnen.

Die Diskussion wurde in zwei Abschnitten durchgeführt. Zunächst wurden die allgemeinen physiko-chemischen Fragen und Definitionen behandelt. Anschließend wurden die geologischen und speziell lagerstättenkundlichen Probleme erörtert.

Im wesentlichen wurde die Anwendung der folgenden Begriffe befürwortet:

1. Für die Intrusionstiefe der erzliefernden Magmenherde speziell für die Tiefenlagen der Dachregion zur Zeit der Intrusion, sind zu verwenden:

subvulkanisch	0— 2 km	Oberkante Magmenherd
hochplutonisch	2— 5 km	Oberkante Magmenherd
tiefplutonisch	5—15 km	Oberkante Magmenherd
abyssisch	über 15 km	Oberkante Magmenherd

2. Für die Tiefenlage der Erzausscheidung sind keine gesonderten Begriffe anzuwenden.

3. Die Bildungstemperaturen sind in folgende Bereiche zu fassen:

tele- (oder ano-)thermal	0—100° C
epithermal	100—200° C
mesothermal	200—300° C
katathermal	300—400° C
pneumatolytisch	über 400° C
pegmatitisch	über 500° C
liquidmagmatisch	600—900° C
Frühkristallisation	900—1200° C

Die Begriffe telethermal bis pegmatitisch sollen neutral verstanden werden, d. h. sowohl für magmatische Abkömmlinge als auch Mobilisate im Gefolge von Diagenese, Granitisation und Metamorphose oder ursprünglich metallfreie Thermen, die Lagerstätten im tieferen Untergrund aufgelöst haben (sekundär-hydrothermale Lösungen), in Anwendung kommen. Selbstverständlich bestehen zwischen den einzelnen Bildungsbereichen Übergänge. —REH—

SCHNEIDERHÖHN, H.

Neuere Forschungen zur theoretischen Lagerstättenkunde

N. Jb. Min. Mh. H. 8, S. 169—178, 1956

In diesem Referat einer Arbeit von E. PUFFE und 8 Arbeiten von E. SZÁDECZKY-KARDOSS wird die Aufmerksamkeit der Lagerstättenforscher auf diese Veröffentlichungen gelenkt, die geeignet sind, die Ausscheidungsfolge der Mineralien aus dem Schmelzfluß und aus pegmatisch-pneumatisch-hydrothermalen Lösungen theoretisch zu erklären. Damit läßt sich das BOWENsche Prinzip auch atomar unterbauen.

SZÁDECZKY-KARDOSS hat als Summe der einzelnen Kationen- und Anionenpotentiale das Verbindungspotential errechnet, das ein Maß für die freie Bildungsenergie des Minerals sein soll. Abgesehen von gewissen Schwierigkeiten, die bei den einfachen Molekülen SiO_2 und FeS_2 sowie einigen anderen als Durchläufer bekannten Mineralien auftreten, ergeben sich doch eine Reihe von Regelmäßigkeiten, die für den Gesteins- und Lagerstättenforscher bemerkenswert sind.

Die Kristallisation der magmatischen Mineralien aus dem Schmelzfluß verläuft in der Reihenfolge der abnehmenden Verbindungspotentiale bis zum Quarz. Die pegmatitisch-pneumatolytischen Mineralien fangen aber wieder auf einem wesentlich höheren Potentialniveau an. Dabei liegt das Schriftgranit-Stadium der Pegmatite noch im liquidmagmatischen Bereich, während das eigentliche pegmatitische Stadium mit den seltenen Erdmineralien schon im pneumatolytischen Bereich liegt. Damit fällt die Grenze liquidmagmatisch-pneumatolytisch mitten in die Pegmatite, wodurch sich manche Besonderheiten der Pegmatite erklären. Die pneumatolytischen und hydrothermalen Mineralien zeigen wiederum die Reihenfolge nach den abnehmenden Verbindungspotentialen. SCHNEIDERHÖHN hat diese Verhältnisse nach den von SZÁDECZKY-KARDOSS gegebenen Zahlen anschaulich in dem Diagramm seiner Abb. 3 zusammengestellt.

Aus der Tatsache, daß die Elemente der liquidmagmatischen Früh- und Hauptkristallisation durchweg sehr große Häufigkeiten, über 200 g/t, meist sogar 1—2 Zehnerpotenzen mehr haben, während die pneumatolytisch-hydrothermalen Elemente immer unter 100 g/t, meist Zehnerpotenzen darunter, liegen, wird abgeleitet, daß bei der magmatischen Kristallisation außer atomaren Faktoren noch chemische Faktoren, besonders die Konzentration, eine Rolle spielen.

—REH—

SCHNEIDERHÖHN, H.

Komplexe Erzlagerstätten

Compt. Rend. Soc. Geol. Finlande Nr. XXIX. Bull. Comm. Geol. Finlande Nr. 172, 1956

Komplexe Lagerstätten entstehen in mehreren heterogenetischen Bildungsakten. Manchmal sind die jüngeren Prozesse mit den älteren verwandt, d. h., sie entstammen dem gleichen Magma, wenn auch verschiedenen Zuständen seiner Differentiation. Manchmal sind aber auch keine Zusammenhänge zwischen den einzelnen Bildungsakten zu erkennen.

Die Fragen einer komplexen Entstehung von Lagerstätten werden an einigen charakteristischen Beispielen untersucht. Zunächst werden Lagerstätten des Schwefelkreislaufs behandelt, unter denen sedimentäre Sulfidlagerstätten mit Pyrit und Kupfersulfiden, seltener Zinkblende und Bleiglanz verstanden werden, die schichtig in bituminösen Schwarzschiefern und Mergeln, d. h. ehemaligen marinen Gyttja- und Faulschlammgesteinen liegen. Die Herkunft der in dem Meerwasser enthaltenen, durch Schwefelwasserstoff bakterieller Entstehung ausgefällten Metalle konnte verschieden erklärt werden. Einmal konnten die Metalle der Abtragung von Gesteinen oder Lagerstätten entstammen, zum anderen einer tieferen Grundwasserzirkulation oder schließlich submarinen Thermalquellen oder Exhalationen. Neuere Untersuchungen der Lagerstätten des Kupferschiefers, Rammelsberg und Meggen a. d. Lenne haben gezeigt, daß wahrscheinlich der größte Teil der Metalle submarin-exhalativ zugeführt wurde, die Ausfällung syngenetisch-sedimentär erfolgte. Ähnlich werden auch Ergani Maden in Kurdistan und wahrscheinlich auch die metamorph stark überprägten Lagerstätten von Mt. Isa in Queensland und Outokumpu in Finnland erklärt. Im Kupferschiefer hat später auf den Rücken eine hydrothermale Stoffzufuhr stattgefunden, die stellenweise die syngenetisch-sedimentäre Kupferschieferlagerstätte erheblich verändert hat.

Weiter werden die ostalpinen Bleizinkerzvorkommen entgegen der bisherigen (hydrothermal) und neuen (syngenetisch-sedimentär) Auffassung als sekundär-hydrothermal angesprochen. Eine ähnliche Entstehung wird für die nordafrikanischen Bleizinkerzlagerstätten (Tunis und Algerien) sowie die ähnlichen Lagerstätten in Oberschlesien und in dem Tri-State-Bezirk angenommen.

Die Gruppe der „Ariden Konzentrationslagerstätten in terrestrischen Schuttbecken" wird ebenfalls als komplex entstanden angesehen. Dazu gehören die Kupferlagerstätten von Nordrhodesien und Katanga sowie am Westrand des Urals, die Uran-Vanadin-Lagerstätten in den RedBeds in USA und die Bleizinkerzlagerstätten im Buntsandstein der Nordeifel (Mechernich und Maubach). Auch die ursprüngliche Gold-Uran-Seife des Witwatersrands hat durch metamorphe Prozesse einen komplexen Charakter erhalten. Grundsätzlich sind alle prätektonischen Lagerstätten der alten Schilde und der Faltengebirge als komplex zu bezeichnen.

Hinsichtlich der Einordnung der komplexen Lagerstätten in ein Schema wird betont, daß man eigentlich nur lagerstättenbildende Vorgänge klassifizieren kann. Wo ein ausgeprägter Hauptbildungsprozeß vorliegt, läßt sich leicht eine Einordnung nach dem ausschlaggebenden Entstehungsvorgang durchführen. Lagerstätten, die zwei oder mehreren gleichwertigen Bildungsprozessen ihre Entstehung verdanken, wird man dann an mehreren Stellen des Schemas anführen müssen.

—REH—

SCHNEIDERHÖHN, H.

Die Entwicklung der Kenntnis der Erzlagerstätten im Schwarzwald

Z. DGG. Bd. 110, S. 17—21, 1958

Die Geschichte der bergbaulichen Entwicklung des Schwarzwalds wird kurz dargestellt. Zahlreiche Lagerstätten-Beschreibungen hat W. VOGELGESANG geliefert. F. VON SANDBERGER erarbeitete an Schwarzwälder Erzgängen die Unterlagen zu seiner Lateralsekretionstheorie der Erzlagerstätten, die durch A. W. STELZNER energisch bekämpft wurde. Seit dieser Zeit wurden durch eingehende Untersuchungen viele neue Erkenntnisse gewonnen, zu denen SCHNEIDERHÖHN und seine Schüler mit zahlreichen gründlichen Arbeiten wesentlich beigetragen haben.

Die Schwarzwälder Erzlagerstätten sind im wesentlichen im Gefolge der variscischen Orogenese gebildet worden. Allerdings finden sich eine Reihe von Vorkommen in jüngeren Deckschichten, die durch sekundär-hydrothermale Prozesse im Jungtertiär entstanden sind. Es wird angenommen, daß erzleere Thermen des Miozän-Vulkanismus gewisse Substanzen in der Tiefe selektiv gelöst und in höheren Horizonten, in jüngeren Schichten wieder abgesetzt haben. Diese jüngeren Lagerstätten fallen durch absonderliche Metallkombinationen (Wiesloch, Neubulach, Hallwangen) oder reinere einseitige Ausbildung (Fe-arme ZnS, Ag-armer PbS, $BaSO_4$) auf.

—REH—

KNIEG, N.

Zur Tektonik des westlichen Schlotheimer Grabens (Thüringer Becken) unter besonderer Berücksichtigung der Untertageaufschlüsse des Kaliwerkes Volkenroda-Pöthen

Abh. Deutsch. Akad. Wiss. Berlin. Klasse für Chemie, Geologie und Biologie. Jg. 1956, Nr. 6., Berlin, Akademie-Verlag, 1958, Preis 29,00 DM

Mit vorliegender Arbeit, einer knappen Zusammenfassung der umfangreicheren Dissertation N. KNIEGS, setzt das Geotektonische Institut der Deutschen Akademie der Wissenschaften die Veröffentlichungsreihe über saxonische Störungszonen im Thüringer Becken fort. Gegenüber früheren Arbeiten (L. BISEWSKI, B. DOLEZALEK, K. FAHLBUSCH u. a.) behandelt N. KNIEG einen sehr engen Raum mit schlechten Aufschlußverhältnissen über Tage. In den Grubenaufschlüssen von Volkenroda-Pöthen bietet sich ein kompliziertes tektonisches Bild dar.

Aus einer Vielzahl von Kluftmessungen, verteilt auf wenige Aufschlüsse zwischen Marolterode und Hüpstedt, wird im wesentlichen mittelherzynisches Streichen deutlich. Außer diesen NW-SE streichenden Sätteln und Mulden treten im Muschelkalkzug des „Watte" und des Forstberges nur untergeordnet erzgebirgisch streichende Elemente auf. Die Schlotheimer Verwerfung als bedeutendste wird in verschiedenen Aufschlüssen als nach NE einfallende Abschiebung erkannt. Ihre Sprunghöhe beträgt im NW, bei Obermehler, etwa 100 m und nimmt nach SE hin zu. In der Menterodaer Verwerfung sieht N. KNIEG einen Böschungssprung (Sekundärsprung LOTZES) zur Schlotheimer Verwerfung von geringerer Sprunghöhe. Beide Störungen lassen sich durch das Salinar bis in den Untergrund verfolgen. Den „Nordrand des Schlotheimer Grabens" bildet eine unbedeutende, infolge Auslaugung des mittleren Muschelkalkes bedingte Bruchlinie.

Ergebnis der tektonischen Untersuchungen: Dem tektonischen Geschehen geht eine erste, erzgebirgisch streichende Wellung voran, eine epirogenetische Bewegung, im Trochitenkalkzug des „Watte" und im Forstberg zu erkennen. Ihr folgt eine mittelherzynisch streichende „Rahmenfaltung". Der nächste Akt ist ein normal flachherzyn streichender kimmerischer Zerrungsvorgang, die Einsenkung des Grabens. Ein subherzyner Pressungsakt bewirkt wahrscheinlich Veränderungen im Schichtenverband und verursacht eine Auflockerung durch ungleichmäßiges Absinken infolge verschiedener Neigung der Randstörungen, bedingt durch ungleichmäßige Zerrung bei Materialunterschieden. Gleichzeitig werden die bei der Zerrung gebildeten Auflockerungsräume wieder durch Salzaufstau ausgefüllt. Das mobile Salinar wandert also unter der Auflast des Deckgebirges in den Graben ein. Flachherzynische Zerrungsstrukturen entstehen durch eine geringe NE-Bewegung der Eichsfeldscholle, während die Unterwerrascholle gegen S bewegt wird. Gar bald kommt die Eichsfeldscholle zur Ruhe, die Unterwerrascholle aber bewegt sich gegen NE und verursacht so die Pressungserscheinungen. Diese wirken sich im Postsalinar im wesentlichen in der Veränderung der Streichrichtungen aus; im Salinar dagegen kommt es zu einer ausgedehnten Spezialfaltung und zu einer erheblichen Überschiebung. Aus der in den Grubenaufschlüssen von Volkenroda-Pöthen erkennbaren NE-Vergenz wird ein Schub von SW her deutlich. Eine schwächere, spätere Einengungsbewegung von normal erzgebirgischer bis normal rheinischer Richtung kann u. U. auf Schollenkippung zurückgeführt werden.

Nur mit dieser tektonischen Deutung werden nach N. KNIEG die besonderen Verhältnisse im Intersalinar — damit bezeichnet der Verfasser die gesamte Schichtenfolge zwischen dem Werra- und dem Niedersachsen-Steinsalz — verständlich. Im Sattel 2, der im Bereich der Schächte Pöthen I und II aufgeschlossen ist, sieht er „eine vor dem überschobenen („oberen") Hauptdolomit aufgepreßte diapirartige Falte". Als am weitesten in den Graben vorgedrückte Spitze der Überschiebung stößt der Sattel 3 an einer Gleitfläche an den Sattel 2. Der Hauptdolomit schafft hier, auf der Gleitfläche des oberen Werra-Anhydrits vordringend, den Massenausgleich zwischen dem Uferrand des Grabens und dem Graben selbst. Damit begründet N. KNIEG, daß die Schlotheimer Verwerfung im Untersalinar nicht zu belegen ist.

Mit der Oberkante des Rotliegenden, nachgewiesen in mehreren Bohrungen, kann entgegen N. KNIEGs Ansicht nicht der Einfallswinkel für das Rotliegende bestimmt werden. Das Oberrotliegende ist in diesem Raum terrestrisch ausgebildet. Sedimentation und Abtrag wechseln beständig. Die Rotliegendoberfläche zeigt ein stark durchmodelliertes Relief, das vom Streichen und Fallen der Schichten wohl abhängig ist, diese aber nicht beeinflußt. Wenn auch die Arbeitsmethode N. KNIEGs nicht anzuerkennen ist, so wird seine Deutung, daß das Rotliegende nach Süden hin einfällt, mit dem Nachweis der Bleicherodaer Querschwelle neuerdings bestätigt.

Leider blieben die tieferen Glieder der Werra-Serie völlig außer Betracht. Gerade der Kupferschiefer als marines und charakteristisches Sediment hätte über das Einfallen der Schichten eindeutigere Aussagen als die Oberkante des Oberrotliegenden liefern können. N. KNIEG weist nicht zuletzt sehr deutlich darauf hin, daß im Bereich des Schlotheimer Grabens ausgesprochen deutliche Disharmonie zwischen Muschelkalk und Salinar herrscht. Diese ist im Bereich aller größeren Störungszonen innerhalb des Thüringer Beckens verbreitet, während im ungestörten Gebiet Kontinuität nachzuweisen ist. Für diese Disharmonien haben jeweils die Grabenrandstörungen eine ganz wesentliche Bedeutung.

Ein weiterer Mangel ist die Verwendung der alten Zechsteingliederung, obwohl inzwischen in allen Arbeiten die Zyklen-Gliederung des Zechsteins nach G. RICHTER-BERNBURG angewandt wird.

Weiterhin muß die Farbgebung in den Profilen sehr bemängelt werden. Mehrfach werden in den Tafeln die Farben für die einzelnen Stufen vertauscht. Mangelnde Buchstabensignatur gleicht diese Fehler in der Farbgebung auch nicht aus.

Trotz Mängeln und einzelner Fehler bietet die Arbeit doch einen Einblick in die komplizierten Verhältnisse des Schlotheimer Grabens. Bedauerlich ist, daß die Drucklegung erst Jahre nach Abschluß der Arbeit erfolgte und so zahlreiche neuere Untersuchungsergebnisse unberücksichtigt bleiben mußten. M. DIETRICH

WAGENBRETH, O.

Geologisches Kartenlesen und Profilzeichnen

B. G. Teubner Verlagsgesellschaft, Leipzig 1958, 188 Seiten mit 189 Bildern und 3 Farbtafeln — Leinen 18,— DM

Anleitungen zum Lesen geologischer Karten und zum Entwerfen geologischer Profile findet man zwar verstreut in fast allen Hand- und Lehrbüchern der Geologie. Auch dem Schrifttum über Spezialfragen kann man gelegentlich manche Anregung entnehmen. Handliche, zusammenfassende Werke dieses Fachgebietes sind dagegen entweder veraltet und daher oft vergriffen oder wenig umfassend. Moderne einschlägige Werke haben zum Teil andere Ziele, wie z. B. M. SCHUSTER: „Das geographische und geologische Blockbild" (Akademie-Verlag, Berlin 1954), oder sie können nicht von jedem Geologen oder Studenten ohne weiteres zum Handgebrauch erworben werden, wie z. B. G. FREBOLD: „Profil und Blockbild" (Braunschweig 1951).

Diese Lücke füllt der Verfasser mit seiner reich und instruktiv bebilderten Veröffentlichung in sehr dankenswerter Weise aus. Nachdem einige notwendige Begriffe der Kartenkunde und die methodische Anlage der geologischen Kartierungstätigkeit im Gelände zusammenfassend behandelt worden sind, werden in ausführlicher und einleuchtender Weise Anleitungen gegeben, wie aus den flächenhaften Angaben der geologischen Karten räumliche Vorstellungen durch Profile zeichnerisch zu entwickeln sind. Die Darstellung der Schichten, Falten, Verwerfungen und vieler anderer geologischer Gegebenheiten in Karte und Profil wird an zahlreichen Beispielen erörtert. Den Abschluß des Ganzen bildet eine Übersicht, die die geologischen Karten der verschiedenen Landschaftstypen der DDR in ihren gemeinsamen und unterschiedlichen Zügen gegenüberstellt und vergleicht.

Die in Aussicht stehende Anweisung für die Dokumentation der geologischen Kartierung in der DDR wird nicht nur in methodisch-technischen Dingen oft auf die vorliegende Veröffentlichung verweisen und sich dadurch selbst zusätzliche Erörterungen sparen können. MIELECKE

SWAIN, F. M.

Organic materials of early Middle Devonian. Mt. Union-area, Pennsylvania

Bull. AAPG, Vol. 42 (1958), No. 12, pp. 2858—2891, 12 Abb.

Die Newton-Hamilton-Formation besteht aus dunklen Schiefern und Kalksteinlagen und Sandstein an der Basis. Die Bitumen bestehen aus bräunlich bis gelben Wachsen, Fetten und Ölen. Dazu kommt unlösliches, organisches Pigment. Die Fluoreszenz ist hauptsächlich gelb bis grünlich. Die Anteile mit den größten Schwefelgehalten fluoreszieren meist blau. Der Gesamt-Bitumengehalt liegt zwischen 74 und 604 Teilen pro Million. In der darüber liegenden Marcellus-Formation erreicht er über 2000 Teile/Million. Durch chromatographische Analyse wurde er in gesättigte Kohlenwasserstoffe, Aromate, Asphaltene getrennt. Meist sind es Komponenten mit mehr als 20 C. Es wird der Versuch gemacht, die Zusammensetzung der Kohlenwasserstoffe mit Faziestypen in Verbindung zu bringen, doch sind, wie der Verfasser selbst bemerkt, die Ergebnisse wenig überzeugend. Mittels Papierchromatographie wurden Huminsäuren bestimmt. Die Gehalte lagen zwischen 0,04 und 2%, besondere Anreicherungen scheinen in den schwarzen, kohligen Schiefern der Beckensedimente vorzuliegen. MEINHOLD

Nachrichten und Informationen

Erfahrungsaustausch der Chemiker der StGK

Am 24. März 1959 fand in Berlin der erste Erfahrungsaustausch der Chemiker aus allen Geologischen Diensten und Instituten der Staatlichen Geologischen Kommission und dem VEB Erdöl—Erdgas statt.

Dipl.-Chemiker UNGETHÜM hielt das Hauptreferat zu dem Thema des Tages „Ionen-Austausch-Methoden in der analytischen Chemie". Der Referent, der diese Methode als erster im Zentralen Geologischen Dienst eingeführt hat, gab eine Zusammenfassung der sehr umfangreichen Spezialliteratur und berichtete dann über seine eigenen Erfahrungen. Er erläuterte u. a. die Trennung der wichtigsten Schwermetalle als Chlorokomplexe am Anionen-Austauscher, die Gesamt-Kationen-Bestimmung im Zuge der Wasseranalyse und die Trennung des Hafniums vom Zirkon am Kationenaustauscher. In diesem Zusammenhang betonte UNGETHÜM besonders den Wert praktischer Erfahrungen, die für die erfolgreiche Anwendung dieser Methoden unerläßlich sind.

Dr. WOHLMANN berichtete anschließend ergänzend über die Abtrennung des Wismuts am Ionenaustauscher und Chemie-Ing. FRIESE behandelte die Ergebnisse seiner Versuche über die Trennung von Eisen + Aluminium/Calcium + Magnesium durch kombinierte, gleichzeitige Anwendung des Chelat-(Komplex-)Bildungsprinzips und des Ionen-Austausch-Prinzips. Dieses Verfahren ermöglicht eine ähnliche Vereinfachung bei der Analyse von Eisenerzen, Brennstoffaschen, aluminium- und eisenreichen Karbonspäten und dgl. wie die vorher besprochenen Verfahren bei der Analyse von Schwermetallerzen und Gesteinen, die solche enthalten.

Nach allgemeiner Diskussion fand eine Besichtigung des Zentrallaboratoriums statt; dort hatten die Gäste Gelegenheit, sich über neuere Geräte zu informieren.

Die Veranstaltung hinterließ den Eindruck, daß sie von allen Teilnehmern als ein Gewinn gewertet wurde, und man mit Interesse dem nächsten Erfahrungsaustausch, der sich mit dem Thema „Chelatometrie" beschäftigen soll, entgegensieht. GRASSMANN

Reinigung von Argongas

Wie die Zeitschrift „Népszabadság" (Budapest) am 4. 3. 1959 mitteilte, wurde von ungarischen Neuerern ein Verfahren eingeführt, Argongas in einem Elektroofen auf einen Reinheitsgrad von mindestens 99,7% zu bringen. Das Argongas wird in einen Elektroofen durch ein Gefäßsystem geführt, das mit glühenden Kupferspänen, Natronlauge, glühenden Titanspänen und Phosphorpentoxyd gefüllt ist. Hier gibt das Argongas den größten Teil der Verunreinigungen ab. Mit dem auf diese Weise gewonnenen Gas kann man in mehreren Schichten ausschußfrei schweißen. Durch diese Neuerung werden nicht nur Material und Devisen eingespart, sondern läßt sich auch die Ausschußquote bei der Herstellung von großformatigen Abgüssen für Leichtmetallmotoren verringern. I.

Erdöl

Aus der französischen Erdölindustrie

Das staatliche Erdöl-Forschungsinstitut (BRP)

Mit Beendigung des zweiten Weltkrieges wurde für den Erdölsektor das staatliche Forschungsinstitut „Bureau de Recherches de Pétrole" (BRP) geschaffen. Ihm obliegt die Oberaufsicht über die gesamten Erdöl-Aufschlußarbeiten im Mutterland, in Nordafrika und in den französischen Überseegebieten. Seit 1945 stellt BRP das Forschungsprogramm auf und koordiniert die verschiedenen Interessen. BRP wurde zum Träger der staatlichen Erdölpolitik.

Das Ziel des für 1956—1960 ausgearbeiteten Forschungsplanes der BRP für die Entdeckung von 100 Mio t Erdölreserven wurde bereits Ende 1956 erreicht.

S. N. REPAL, Sté. Nationale de Recherches et d'Exploitation des Pétroles en Algérie

S. N. REPAL besaß am 1. 7. 1958 in der Sahara 13 Konzessionen mit insgesamt 120000 km² und in Nordafrika 3 mit 31538 km². Die wichtigsten Konzessionen sind die außergewöhnlich große Konzession Columb-Bèchar (43200 km²) und die relativ kleine Oued Mya. In der letztgenannten liegt das Becken von Hassi-Messaoud mit 500 km², das als größtes der bisher entdeckten Sahara-Ölfelder bezeichnet wird. Mit Sicherheit wurden 500 Mio t festgestellt und insgesamt werden 2 Mrd. t vermutet.

Die ölführenden Horizonte liegen in 3350 m unter Tage und haben eine Mächtigkeit bis zu 100 m. Wahrscheinlich werden neue Bohrungen in Abständen von 1200 m niedergebracht, so daß im Endeffekt 60—100 Ölquellen mit einer Durchschnittskapazität von je 300 jato arbeiten könnten. Bereits ab 1962 erwartet man eine Ausbeute von rd. 14 Mio jato und ab 1965 sogar 35 Mio jato.

CREPS CIE. de Recherches et d'Exploitation de Pètrole au Sahara

CREPS schürft auf 104720 km² in der Sahara. Die erfolgversprechendste Konzession ist Zarzaitine, an der Westseite das Gebiet Tiguentourine und 70 km ostwärts direkt an der libyschen Grenze Edjelé. Auch dieses Vorkommen wurde erst 1956 entdeckt. Man schätzte die Ölreserven von Edjelé vorsichtig auf rd. 50 Mio t, doch stellte man Anfang 1958 rd. 50 km nördlich von Edjelé in 1350 m Tiefe ein weiteres Vorkommen fest, dessen erste Sonde 400 tato ausgab. Man nimmt an, daß es trotz verschiedener Tiefen mit den beiden anderen Feldern verbunden ist. Dies würde bedeuten, daß die Ölvorkommen von Edjelé die zweitgrößten der Sahara wären und in der Größenordnung an das Feld von Hassi-Messaoud herankämen. E.

Neue Aufschlußerfolge bei Edjelé und Hassi Messaoud

Bei Ouan Taredert, 30 km südwestlich von Edjelé, erbrachte eine Fundbohrung in 1450 m Teufe rd. 71000 m³/h Naßgas. Nach Vertiefung der Sonde auf 1510 m wurden bei Produktionsversuchen rd. 5 t/h Leichtöl gefördert. Etwa 25 km südwestlich von Ouan Taredert wurde eine weitere Aufschlußbohrung in rd. 977 m mit einer Anfangsproduktion von rd. 4 t/h Rohöl und rd. 1000 m³/h Erdgas fündig.

In Hassi Messaoud wies eine ca. 20 km nördlich des Hauptfeldes angesetzte Erweiterungsbohrung einen ölführenden Horizont von 30 m Mächtigkeit nach. Die Begrenzung des Feldes ist damit erheblich weiter nach Norden vorgerückt. I.

Erdölbezugsländer der USA

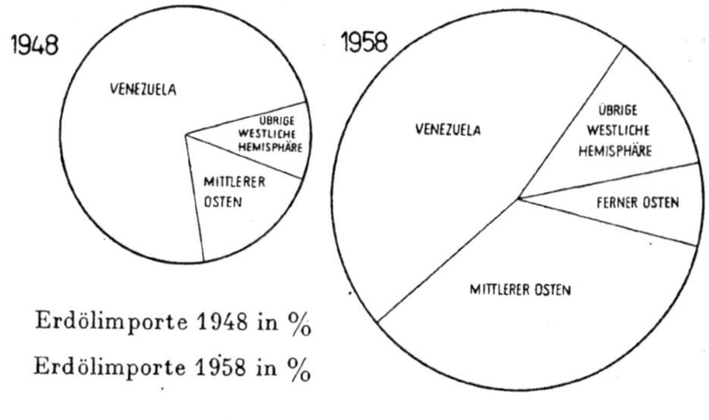

Erdölimporte 1948 in %

Erdölimporte 1958 in %

Wie aus den beiden Abbildungen ersichtlich ist, ging im letzten Jahrzehnt der Prozentsatz der Einfuhren aus Venezuela nach den USA bedeutend zurück, während der Anteil der übrigen amerikanischen Länder und des Mittleren und Nahen Ostens anstieg. E.

Erdgas

Ferngas für das Edelstahlwerk Freital

Als zweites Stahlwerk des Bezirkes Dresden ist das Edelstahlwerk „8. Mai 1945" in Freital an das Ferngasnetz der DDR angeschlossen worden. Zur Zeit werden täglich etwa 40000 Normalkubikmeter Ferngas aufgenommen und verbraucht. Nach dem Endausbau dieses bedeutenden metallurgischen Betriebes wird der Verbrauch von Ferngas auf 50000 Normalkubikmeter pro Stunde ansteigen. Das Edelstahlwerk wird damit zu einem metallurgischen Betrieb, der praktisch fast keine Kohle mehr verbraucht. E.

Erdgas für London

Der erste Tanker, der den Namen „Methane Pioneer" führt, hat etwa 5 Millionen Liter verflüssigtes Methan auf einer Themseinsel unweit von London gelöscht. Mehrere weitere Methantanker sind in Bau und werden in Kürze dem „Pioneer" folgen.

Das Rohmethangas wurde verflüssigt und nahm somit nur noch den 600. Teil des Raumes ein, den es in Gasform beansprucht hätte. Es wurde bei einer Temperatur von minus 160° C transportiert und auch ebenso in die 2 Behälter auf der Themseinsel gelagert. Von hier wird das Methan in Gasform durch eine Fernleitung nach London geleitet und dort in das Ferngasnetz eingeschleust. Es wird mit normalem Stadtgas vermischt und trägt so zur Verbesserung der Gasqualität bei. Das Erdgas, das aus den USA bzw. Venezuela stammt, ist billiger als das in London aus englischen Kohlen erzeugte Stadtgas. I.

Gasversorgung Wiens

Nach einer Mitteilung der Wiener „Montan-Berichte" wurden 1958 nur noch 30% der Gasversorgung Wiens auf Kohlenbasis durchgeführt. 20% des Verbrauchs entfielen auf reines Erdgas und 50% auf Stadtgas, das durch Spaltung des hochwertigen Erdgases erzielt wurde. Die in den letzten Jahren bei den Wiener Gaswerken errichteten Erdgasspaltanlagen haben eine Kapazität von 200000 bzw. 360000 m^3 Spaltgas pro Tag. Durch Vermischung des Spaltgases mit Erdgas werden daraus rd. 250000 bzw. 500000 m^3 Stadtgas gewonnen. Der Heizwert des Wiener Stadtgases konnte infolge der verstärkten Verwendung von Erdgas um 10% erhöht, der Gehalt des Gases an giftigem Kohlenmonoxyd von 15 bis 16% auf 8 bis 10% verringert werden. I.

Radioaktive Erze

Uran-Erz verarbeitende Werke in den USA

Aus „Mining engineering", Bd. 11, Nr. 2 vom Februar 1959 entnehmen wir eine Aufstellung der Uran-Erz verarbeitenden Betriebe der USA, die von der Information Division (GJOO) herausgegeben wurde. Bemerkenswert ist die Höhe der bisher für Investitionen zur Errichtung der betreffenden Werke ausgegebenen Mittel von ca. 134 Millionen Dollar.

Mit Ausnahme des staatlichen Monticello-Werkes in Utah sind alle in der Aufstellung angeführten Betriebe in Privatbesitz. Sie haben die Lizenz der Regierung, Uranium-Erze von den Erzeugerbetrieben zu beziehen. Die USAEC kauft die Uran-Konzentrate von jedem der lizensierten Betriebe entsprechend den in den Verträgen festgelegten Bedingungen. He.

Radioaktivität verschiedener Gesteinskomplexe des Bergrückens des Terskei Ala-Tau

Der Bergrücken des Terskei Ala-tau besteht aus einer großen Antiklinale mit einer umfangreichen Intrusion kaledonischer Granite und Granodiorite. Es wird der Einfluß dieser Intrusionen auf die Radioaktivität der Erdkruste im Tienschan mit Hilfe zahlreicher Vollanalysen sowie Bestimmungen der radioaktiven Elemente U, Th und K untersucht. Insgesamt können vier Komplexe unterschieden werden: metamorphe Gesteine, zwei kaledonische Intrusionen und känozoische Sedimente. Während der Granitintrusion erfolgt eine bedeutende Zufuhr von radioaktiven Elementen sowie von Silizium und Alkalien (evtl. auch Aluminium), während der Komplex an Ca und Mg (weniger Fe, Mn und Ti) verarmt. Bei den Graniten der zweiten kaledonischen Intrusion ist diese Tendenz besonders deutlich ausgeprägt. I.

(Aus: „Geochimija", Moskau, 1958, 3, S. 191–196)

Salze, Steine und Erden

Ausbau der chemischen Industrie in der ČSR

Der „Bergbau-Rundschau" Nr. 3, Jg. 11, März 1959, S. 116, entnehmen wir über die Entwicklung der chemischen Industrie in der ČSR:

„Der größte chemische Betrieb wurde bei Novaky (Kreis Neutra) errichtet. Er hat eine ähnliche Produktion wie die Leunawerke und beschäftigt rund 20000 Arbeiter . . .

Neu ist ein Zentrum für die Aluminiumproduktion in Ziar am Gran. Das Werk wurde mit Hilfe der Sowjetunion errichtet und beschäftigt gegenwärtig etwa 15000 Arbeiter; mit der vollen Produktionsaufnahme ist aber erst 1960 zu rechnen. Anfang 1959 wurde bei Bratislava, ebenfalls mit sowjetischer Hilfe, die größte Erdölraffinerie der ČSR in Betrieb genommen.

Ein umfangreiches Bauprogramm für die chemische Industrie der Slowakei soll in den nächsten 5–10 Jahren

Uran-Erzverarbeitende Werke in den USA

	Firma:	Lage des Werkes:	Erster Lizenzvertrag unterzeichnet:	Die ersten Mengen an U_3O_8 an AEC geliefert:	Vertraglich gebunden bis:	Kapazität in Erz/t pro Tag:	Höhe der investierten Mittel z. Errichtung der Werke (in $ geschätzt):
1.	Anaconda Company	Grants, N. Mex.	27. Dez. 1951	Sept. 1953	31. März 1962	3,500	19358000
2.	Climax Uranium Company	Grand Junction, Colo.	10. Juli 1950	Juni 1951	31. Juli 1960	330	3088000
3.	Dawn Mining Company	Ford, Wash.	8. Aug. 1956	Sept. 1957	31. März 1962	400	3100000
4.	Freemont Minerals Inc.	Riverton, Wyo.	4. Dez. 1957	Jan. 1958	30. Nov. 1963	500	3500000
5.	Government-owned	Monticello, Utah	–	Jan 1950	–	350	5000000
6.	Gunnison Mining Company	Gunnison, Colo.	15. Nov. 1956	Febr. 1958	31. März 1962	200	2025000
7.	Momestake-New Mexico Partners	Grants, N. Mex.	20. Dez. 1956	Apr. 1958	31. März 1962	750	5325000
8.	Homestake-Sapin Partners	Grants, N. Mex.	23. April 1957	Sept. 1958	30. Juni 1963	1,500	9000000
9.	Kermac Nuclear Fuels Corp.	Grants, N. Mex.	3. Mai 1957	Dez. 1958	31. Dez. 1966	3300	16000000
10.	Kerr-McGee Oil Industries	Shiprock, N. Mex.	17. Aug. 1953	Jan. 1955	31. Okt. 1959	300	3161000
11.	Lakeview Mining Company	Lakeview, Ore.	18. Nov. 1957	–	30. Nov. 1963	210	2600000
12.	Lucky Mc Uranium Corp.	Fremont County, Wyo.	14. Nov. 1956	März 1958	31. März 1962	750	6900000
13.	Mines Development Inc.	Edgemont, S. Dak.	28. Apr. 1955	Aug. 1956	31. März 1962	400	1900000
14.	Phillips Petroleum Company	Grants, N. Mex.	17. Sept. 1957	Aug. 1958	31. Dez. 1966	1,725	9500000
15.	Rare Metals Corp. of America	Tuba City, Ariz.	15. Juli 1955	Juli 1956	31. März 1962	300	3600000
16.	Texas-Zinc Minerals Corp.	Mexican Hat, Utah	17. Juli 1956	Nov. 1957	31. Dez. 1966	1,000	7000000
17.	Trace Elements Company	Maybell, Colo.	10. Aug. 1955	Dez. 1957	31. März 1962	300	2208000
18.	Union Carbide Nuclear Company	Rifle, Colo.*)	2. Okt. 1947	Dez. 1947	31. März 1962	1,000	8500000
19.	Union Carbide Nuclear Company	Uravan, Colo.	13. Apr. 1949	März 1950	31. März 1962	1,000	5000000
20.	Uranium Reduction Company	Moab, Utah	1. Juni 1955	Nov. 1956	31. März 1962	1,500	8250000
21.	Vanadium Corp. of America	Durango, Colo.	17. Febr. 1949	Aug. 1949	31. März 1962	750	813000
22.	Vitro Uranium Company	Salt Lake City, Utah	25. Okt. 1951	Okt. 1951	31. März 1962	600	5500000
23.	Western Nuclear Corp.	Split Rock, Wyo.	10. Aug. 1956	Aug. 1957	31. März 1962	400	3600000
					Insgesamt:	21,065	$ 134928000

*) Die Union Carbide Nuclear Company bezieht darüber hinaus Erze aus Slick Rock, Colorado, Greenriver und Utah für die Produktion des Rifle-Werkes in Colorado.

verwirklicht werden. Dadurch soll die Produktion der chemischen Industrie bis 1965 auf das $2^1/_2$fache des jetzigen Standes gesteigert werden. Das neue Programm sieht vor allem vor: einen beschleunigten Ausbau der Erdölraffinerien Slovnaft bei Bratislava, den weiteren Ausbau der obenerwähnten Werke in Novaky, der Buna-Werke „1. Mai" in Puchow und des Werkes „Chemko" in Strazké in der Ostslowakei. Bereits im Herbst 1958 wurde mit dem Bau eines neuen Stickstoffkombinates in Sali an der Waag begonnen. Nach der Verwirklichung dieser Projekte soll die chemische Industrie der ČSR — mit den neuen Schwerpunktbetrieben in der Slowakei — eine führende Rolle unter den Volksdemokratien einnehmen." E.

Gewinnung von Deuterium aus Carnallit

In der „Bergbau-Rundschau" Nr. 3, Jg. 11, März 1959, S. 148, wird angeregt, Deuterium aus Carnalliten zu gewinnen und dabei die hygroskopische Eigenschaft des Salzes auszuwerten. Es wird folgende Schlußfolgerung gezogen:

„Die Verarbeitung von Carnallit zur Deuteriumherstellung ist bis heute noch nicht bekannt. Innerhalb der Länder der Montanunion ist der Bedarf an schwerem Wasser nicht nur groß, sondern auch weitgehend ungedeckt. Würden weiterhin die in der Bundesrepublik gelegenen Kalischächte Carnallit fördern, so könnten die Bedarfslücken schnellstens geschlossen werden. In relativ kürzester Frist würde die Bundesrepublik der Hauptexporteur Schweren Wassers (neben der DDR) werden können." I.

Tongruben Guttau

Nordöstlich von Bautzen, zwischen Guttau und Neudörfel liegen 5—10 Mio t hochwertiger Schamottetone. 1958 wurde eine Rohtonförderung von etwa 140000 t erreicht. Durch weitere Mechanisierung der beiden Tongruben soll im laufenden Jahr die Produktion auf 150000 t Rohton erhöht werden. Ein Teil des hochwertigen Tones wird von dem VEB Oberlausitzer Rohschamotte und Tongruben Guttau zu Rohschamotte (Jahresleistung der 6 Öfen: 46000 t Rohschamotte) verarbeitet. Der übrige Rohton wird an andere Schamottewerke zur Weiterverarbeitung gegeben. I.

Steigerung der chemischen Industrie in China

Ebenso wie auf dem Gebiet der Energieversorgung, der Treibstoffherstellung und der Stahlgewinnung ist auch die chemische Industrie der Volksrepublik Chinas so weiterentwickelt worden, daß gleichzeitig zentralgeleitete und örtliche Betriebe nach modernsten bzw. nach verbesserten einheimischen Produktionsverfahren ausgebaut wurden.

Der geschätzte Zuwachs des Ausstoßes in Prozenten gegenüber dem Jahr 1957 hatte 1958 erreicht:

Ammoniumnitrat	157
Kunstdünger	34
Schwefelsäure	19
Kaustische Soda	31
Ammonium	59
Kalziumkarbid	44,6

Beträchtlich war die Produktion kleiner Betriebe und Werke, die herkömmliche Verfahren zur Herstellung von Kunstdünger, Schädlingsbekämpfungsmitteln und anderen Chemikalien anwenden. Da die kleinen Chemiebetriebe keine komplizierte Ausrüstung oder große Investitionen benötigen, sind sie sofort rentabel. Die dafür erforderlichen Berufskenntnisse sind leicht zu erwerben. I.

(Aus: „Peking Review" (Peking) Nr. 9/1959)

Ehrung für Professor Dr. A. SCHÜLLER

Die Hauptversammlung der tschechoslowakischen Gesellschaft für Mineralogie und Geologie (Československá spolecnost pro mineralogii a geologii pro ČSAV) hat am 27. 1. 1959 in Prag einstimmig Professor Dr. ARNO SCHÜLLER, ordentliches Mitglied der Deutschen Akademie der Wissenschaften zu Berlin und Mitglied des Redaktionskollegiums unserer Zeitschrift, zum Ehrenmitglied gewählt. Prof. SCHÜLLER weilte bis Ende Juni auf Einladung der Academia Sinica in Peking.

Kurznachrichten

Neues Erdölgebiet in Jugoslawien — Ein neues Erdölvorkommen, welches das reichste sein soll, das jemals in Jugoslawien gefunden wurde, ist in der Nähe von Sisak entdeckt worden. Zwischen dem neuen Ölvorkommen und der Raffinerie in Sisak soll in Kürze eine neue Pipeline gebaut werden. Fachleute erklärten, durch das neue Erdölgebiet würde sich die Ölproduktion in Kroatien im nächsten Jahr auf rund 1 Mio t verdoppeln.

Italienische Rohölproduktion 1958

Ragusa	1205000 t Rohöl
Gela	355000 t Rohöl
Gesamt-Sizilien	1660000 t Rohöl
Italien (ohne Inseln)	150000 t Rohöl
Flüssiggase	67000 t Rohöl
Gesamtsumme:	1877000 t Rohöl

Verhandlungen in Teheran fanden Anfang des Jahres mit einer italienischen Wirtschaftsgruppe über den Bau einer Erdgasleitung von den Ölfeldern nach Teheran und über den Bau einer Erdgasverflüssigungsanlage statt.

Die chilenische staatliche Erdölgesellschaft förderte 1958 etwa 886000 m³ Rohöl gegenüber 6890000 m³ im Vorjahre. Mit der Produktion von 1958 wurden etwa 60% des Landesbedarfs gedeckt.

Sowjetunion überflügelt Westeuropa — Die UN-Wirtschaftskommission für Europa berichtet, daß die Kohlenförderung der UdSSR im Jahre 1958 die gesamte westeuropäische Förderung überholt hat. Die sowjetische Kohlenförderung sei um 33 Mio t auf beinahe 500 Mio t gestiegen, während gleichzeitig die westeuropäische Förderung zurückgegangen sei.

Die Kohlenförderung der VR China hat die Kohlenförderung Großbritanniens 1958 um über 50 Mio t übertroffen und damit mehr als das Doppelte des Jahres 1957 gefördert. Großbritanniens Kohlenförderung erreichte 1958 215,78 Mio t.

Die kanadische Uranerzeugung betrug 1958 insgesamt 13587 t Urankonzentrate gegen 12560 t in den USA und 6200 t in der Südafrikanischen Union.

Die kanadische Kupfer- und Nickelproduktion war laut Dominion Bureau of Statistics 1958 niedriger als im Vorjahre. Bei Kupfer belief sie sich auf 346816 sh t gegenüber 359109 sh t im Jahre 1957, so daß ein Rückgang um 3,4% eintrat. Die Produktion von Nickel gab im Laufe des Jahres um rd. 25% auf 140848 sh t gegenüber 187958 sh t im Vorjahre nach.

Die indische Produktion an Blei- und Zinkerz erhöhte sich 1958 auf 119556 t gegenüber 95462 t 1957. Die Steigerung betrug also etwa 25%. Die gesamte indische Blei/Zinkerzgewinnung stammte aus den Zawar-Gruben des Bezirks Udaipur in Rajasthan.

Der Rückgang der westdeutschen Eisenschaffenden Industrie betrug 1958 gegenüber 1957

9,3% bei Roheisen,
7,0% bei Rohstahl,
7,5% bei Walzstahlfertigerzeugnissen.

Die Produktion von absatzfähigen Kalisalzen in den USA betrug 1958 nach Mitteilungen des amerikanschen Bergbaubüros 2,19 Mio sh t Reinkali, das sind 3% weniger als im Vorjahr.

Die westdeutsche Zementproduktion erreichte 1958 ca. 19,6 Mio t gegenüber 18,8 Mio t im Jahre 1957. Im Gebiet des Persischen Golfs und im Fernen Osten sind die westdeutschen Absatzmärkte zum Teil auf japanische und sowjetische Lieferanten übergegangen.

Die Goldmine East Rand in Transvaal erreichte im August 1958 mit 3354 m Teufe die bisher größte Tiefe im Bergbau. Die Gesteinstemperatur liegt bei ca. 50° C. Projektiert ist ein weiteres Abteufen auf 3658 m.

FSC
www.fsc.org
MIX
Papier | Fördert gute Waldnutzung
FSC® C083411

Zeitfracht Medien GmbH
Ferdinand-Jühlke-Straße 7
99095 Erfurt, Deutschland
produktsicherheit@kolibri360.de